FORSCHUNGSBERICHTE
DES WIRTSCHAFTS- UND VERKEHRSMINISTERIUMS
NORDRHEIN-WESTFALEN

Herausgegeben von Staatssekretär Prof. Leo Brandt

Nr. 343

Prof. Dr.-Ing. habil. Wilhelm Petersen
Dipl.-Ing. Siegfried Wawroschek

Die zweckmäßigsten Gütebestimmungsverfahren und Brikettierungsbedingungen bei der Erzeugung von Braunkohlen-Eisenerz-Briketts

Als Manuskript gedruckt

WESTDEUTSCHER VERLAG / KÖLN UND OPLADEN
1956

ISBN 978-3-663-03495-7   ISBN 978-3-663-04684-4 (eBook)
DOI 10.1007/978-3-663-04684-4

Forschungsberichte des Wirtschafts- und Verkehrsministeriums Nordrhein-Westfalen

G l i e d e r u n g

1.	Einleitung	S. 5
2.	Gütebestimmungsverfahren	S. 6
2.0	Allgemeines	S. 6
2.1	Biegefestigkeitsmessung	S. 6
2.2	Scherfestigkeit	S. 12
2.3	Druckfestigkeitsmessung	S. 15
2.4	Raumgewichtsbestimmungen	S. 21
2.5	Trommelfestigkeit	S. 25
3.	Veränderung der Brikettierfaktoren	S. 26
3.0	Allgemeines	S. 26
3.1	Brikettfestigkeit in Abhängigkeit vom Wassergehalt	S. 27
3.2	Brikettfestigkeit in Abhängigkeit vom Preßdruck	S. 27
3.3	Untersuchungen über die Abhängigkeit der Druckfestigkeit von der Höchstdruckdauer	S. 32
3.4	Veränderung der Vorschubgeschwindigkeit	S. 32
3.5	Veränderung der Einwaagemenge	S. 34
3.6	Druckfestigkeit von Briketts aus teilweise nachgetrockneter Fabriktrockenkohle in Abhängigkeit von der Lagerzeit	S. 36
4.	Bindemittellose Braunkohlen-Erz-Brikettierung	S. 37
4.0	Allgemeines	S. 37
4.1	Rohstoffbeschaffenheit und Versuchsanordnung	S. 38
4.2	Versuchsdurchführung	S. 39
4.20	Veränderung der prozentualen Erzanteile	S. 39
4.21	Einfluß der Korngröße auf die Festigkeit des Brikettiergutes	S. 40
4.22	Festigkeit der Möllerbriketts in Abhängigkeit vom Wassergehalt	S. 47
5.	Zusammenfassung	S. 48
6.	Schlußbetrachtung	S. 51
7.	Literaturverzeichnis	S. 52

Forschungsberichte des Wirtschafts- und Verkehrsministeriums Nordrhein-Westfalen

1. Einleitung

In den letzten 20 Jahren ist es der Braunkohlenschweltechnik gelungen, durch Verbesserung der vorbereitenden Verfahren einen stückigen Braunkohlenschwelkoks zu erzeugen, so daß die Schwelwürdigkeit einer Kohle heute nicht nur eine Frage ihres Bitumengehaltes ist, sondern mit gleicher Berechtigung von der Möglichkeit zur Erzeugung eines hochwertigen Kokses hergeleitet werden kann. Diese Aussage trifft vor allem auch für die rheinische Braunkohle zu. Ihr geringer Asche- und Schwefelgehalt sowie die jeder Braunkohle eigene gute Reaktionsfähigkeit bietet sie sogar zur Verwendung für metallurgische Zwecke an.

Diese Tatsachen gaben die Anregung zu Untersuchungen mit dem Ziele, bei der Verhüttung die Braunkohle als Kohlenstoffträger zu verwenden. Während in Mitteldeutschland aus Mangel an backfähigen Steinkohlen der Weg zur Braunkohlen-Hochtemperaturkokserzeugung für den Einsatz im Hochofen oder Niederschachtofen beschritten wurde, ist in Westdeutschland und im Ausland dieses Problem vor allem mit den schwerverhüttbaren feinkörnigen Eisenerzen verbunden. Bei der Gewinnung, Aufbereitung und Beförderung von Erzen (gedacht ist hier vor allem an Eisen- und Manganerze) fällt dieses Gut z.T. in einer feinen Körnung an, das schwer oder überhaupt nicht mehr verhüttbar ist, da das Gut zur Aufgabe in Hochöfen eine gewisse Stückigkeit besitzen muß. Die herkömmlichen Verfahren des Stückigmachens (Pelletisieren, Sintern) sind nach Mitteilungen der Industrie verfahrensmäßig oft mit Mängeln behaftet oder wirtschaftlich auf Grund des mit ihnen verbundenen hohen thermischen Aufwandes schwer vertretbar. WEBER (1) empfahl im Rahmen der Schwelverhüttung, das Feinerz mit Steinkohle und einem Bindemittel zu brikettieren, diese Formlinge abzuschwelen und im Niederschachtofen zu verhütten. Mit der Entwicklung dieses Verfahrens befaßt sich zur Zeit die Demag-Humboldt-Niederschachtofen G.m.b.H., wobei nach den Vorschlägen von Dr. DIETTRICH die Verschwelung und Verhüttung einstufig durchgeführt wird. Das Ziel der im Brikettierungslaboratorium der Technischen Hochschule Aachen durchgeführten Untersuchungen ist es, für diese Verfahren einen Preßling möglichst ohne Bindemittel unter Verwendung von Braunkohle zu schaffen, um dadurch einerseits durch Bindemittelersparnis die Schwelverhüttung zu verbilligen und andererseits die Rohstoffbasis für das Verhüttungsverfahren zu vergrößern.

2. Gütebestimmungsverfahren

2.0 Allgemeines

Zu Beginn der Untersuchungen stellte sich heraus, daß die vor allem an Braunkohlenbriketts üblichen Gütebestimmungsverfahren bei Briketts verschiedener Steinstärke oder verschiedenen Formats keinen Gütevergleich gestatten. Daraus ergab sich die Notwendigkeit, die üblichen Verfahren planmäßig zu untersuchen und für die zweckmäßigsten Verfahren die Prüfanordnung festzulegen, bei welcher der zuverlässigste Einblick in die Festigkeitseigenschaften von Briketts zu erhalten und verschiedenartige Briketts gütemäßig zu vergleichen sind.

2.1 Biegefestigkeitsmessung

Spannungsverhältnisse und die Formel der maximalen Biegespannungen

Bei der Biegefestigkeitsmessung an Braunkohlenbriketts geht man von der Voraussetzung aus, daß der Prüfkörper auf reine Biegung beansprucht wird. Dabei muß er die Form eines Balkens haben, d.h., die Querabmessungen des Prüfkörpers müssen klein gegenüber der Spannweite (Schneidenabstand) sein. Das Verhältnis Spannweite: Höhe darf erfahrungsgemäß und statisch begründet den Wert 5 nicht unterschreiten. Bei der Biegung muß die Kraft P senkrecht zur Längsachse wirken (Abb. 1).

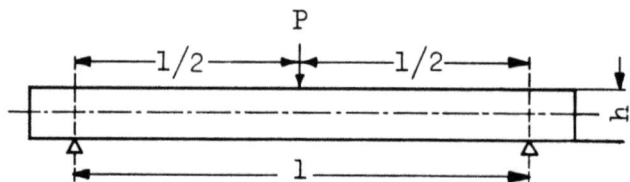

A b b i l d u n g 1

Schneidenanordnung bei Biegebelastung eines Balkens,
P = Belastung, l = Schneidenabstand, h = Balkenhöhe
(Mit freundl. Genehmigung des Karl Knapp Verlages, Düsseldorf,
aus BRAUNKOHLE 5/6 - 1955)

Unter diesen Voraussetzungen kann man die Scherspannungen vernachlässigen, weil sie sehr gering sind. Diese Vereinfachung bedeutet, daß ein einachsiger Spannungszustand vorliegt, der dadurch gekennzeichnet ist, daß alle im Prüfkörper auftretenden Spannungsvektoren seiner Längsachse parallel verlaufen.

Die bei der in Abbildung 1 gekennzeichneten Belastung des Prüfkörpers in ihm hervorgerufenen Druck- und Zugspannungen werden als Biegespannungen mit K_b bezeichnet. Die größten Druck- und Zugspannungen treten in den äußersten Faserschichten des Prüfkörpers auf, also an seiner oberen und unteren Fläche. Wie aus Abbildung 2 ersichtlich, befindet sich in der Längsachse des Balkens die neutrale Faserschicht, in der weder Zug- noch

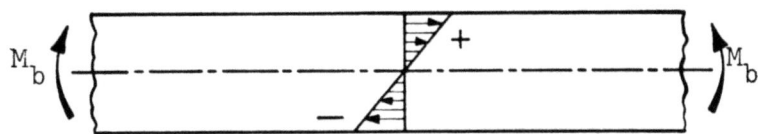

A b b i l d u n g   2

Verteilung der Biegespannungen über den Querschnitt des Balkens
+ Druckspannungen, M_b = Biegemoment
──── Zugspannungen, ── · ── = neutrale Faserschicht
(Mit freundl. Genehmigung des Karl Knapp Verlages, Düsseldorf,
aus BRAUNKOHLE 5/6 1955)

Druckspannungen wirksam sind. Die neutrale Faserschicht fällt nur unter der Annahme, daß keine Querschnittsveränderungen auftreten, mit der Längsachse des Balkens zusammen. Mit diesen Vereinfachungen kommt man zu der Formel der maximalen Biegesspannung:

$$K_b = \frac{M_b}{W} \; ; \; \left[\frac{kg}{cm^2}\right]$$

$$M_b = \frac{P \cdot l}{4} \; ; \; W = \frac{b \cdot h^2}{6}$$

$$K_b = \frac{3 \cdot P \cdot l}{2 \cdot b \cdot h^2} \left[\frac{kg}{cm^2}\right], \text{ worin}$$

M_b = Biegemoment (kg·cm) l = Schneidenabstand (cm)
W = Widerstandsmoment (cm³) b = Breite des Prüfkörpers (cm)
P = Belastung (kg) h = Höhe des Prüfkörpers (cm)

Bei der Biegefestigkeitsmessung tritt dann der Bruch der Briketts ein, wenn die maximalen Biegespannungen, die an den oberen und unteren Flächen des Briketts auftreten, die dort wirksamen Bindungskräfte übertreffen.

Forschungsberichte des Wirtschafts- und Verkehrsministeriums Nordrhein-Westfalen

Bei einem Verhältnis von ≤ 5 für Schneidenabstand: Prüfkörperhöhe bei Mittenbelastung des Briketts kommen in steigendem Maße die Scherspannungen zur Wirkung, was zu einem zweiachsigen Spannungszustand, zur Biege-Scherbeanspruchung führt. Der Einfluß der Scherspannung ist aber rechnerisch bei der inhomogenen Beschaffenheit der Briketts nicht zu erfassen, so daß auch keine vektorielle Zusammensetzung der Biege- und der Scherspannung im Bereich der gemischten Beanspruchung möglich ist, bei der die vektoriell sich ergebenden Spannungen weder der Längsachse des Prüfkörpers noch der Belastungsrichtung parallel laufen.

Sowohl die Biege- als auch die Druckfestigkeitsmessungen wurden auf einer hydraulischen Presse der Firma Losenhausen, Düsseldorf, (BP 60 mit 60 t Höchstbelastung) durchgeführt, die, ursprünglich als Baustoffprüfmaschine entwickelt, sich für Brikettierungsversuche als besonders geeignet erwiesen hat. Pressen dieser Art ermöglichen es, im Gegensatz zu den in der Praxis noch oft gebrauchten DOMKE-Apparaturen oder Handpumpen den Stempelvorschub und damit den Lastanstieg gleichmäßig zu gestalten und dadurch die Fehlstellenhäufigkeit zu verringern, weil bei einer langsamen, gleichmäßigen Belastung die dynamischen Beanspruchungen weitgehend ausgeschaltet werden. Der größte Kolbenhub der Maschine beträgt 50 mm. Durch einen Steuerhebel kann eine Stempel-Vorschubgeschwindigkeit von 0 bis 80 mm/min eingestellt werden; an einer Skala ist der jeweilige Wert angenähert abzulesen. Ein Feinsteuerhandrad ermöglicht die Feinregelung der Vorschubgeschwindigkeit.

Da die garantierte Fehlergrenze von 3 % beim Pumpenmanometer erst bei 10 % der Höchstlast beginnt, also bei der niedrigsten Höchstlast von 12 t erst bei 1200 kg, wurden Belastungen unter 1000 kg mit einer Druckmeßdose bestimmt. Um ein Verkanten des Zylinders dieser Dose zu verhindern, wurde zwischen Zylindern und Last eine Stahlkugel eingefügt.

Die verwendete Druckmeßdose PD 1 der Firma Losenhausen hat einen Meßbereich von 0 bis 1000 kg; für den Bereich 100 bis 1000 kg/cm^2 ist eine Fehlergrenze von $\pm$ 1 % garantiert. Eine Eichmessung ergab, daß sie noch bei 50 kg Belastung auf $\pm$ 0,3 % genau arbeitet.

Der Hebelapparat von DOMKE

In den Braunkohlenbrikettfabriken werden zur Biegefestigkeitsmessung meistens Meßeinrichtungen benutzt, die dem von DOMKE (2) entwickelten Hebelapparat ähnlich sind. Man hat jedoch in vielen Fällen die seinerzeit von

DOMKE aufgestellten Richtlinien nicht genügend berücksichtigt und Hebelwaagen gebaut, die unten näher gekennzeichnete erhebliche Mängel aufweisen. DOMKE hatte bei seinen Biegefestigkeitsversuchen erkannt, daß Dauer sowie Art und Weise der Erhöhung der auf das Brikett ausgeübten Last einen wesentlichen Einfluß auf das Ergebnis ausüben. Daher hat er die Versuchsanordnung folgendermaßen festgelegt:

1) Jede Belastung muß von Null ausgehen, d.h., die Hebelwaage muß vor der Prüfung austariert werden.

2) Es ist unbedingt eine über die Zeit gleichmäßige Belastungszunahme einzuhalten. DOMKE erreicht sie durch gleichmäßigen Zusatz von Bleischrot in eine Schale am Ende des Lastarms der Hebelwaage.

3) Briketts gleicher Form sind immer an derselben Stelle, genau in der Mitte zwischen den Auflageschneiden, zu belasten; dafür versah DOMKE die von ihm entwickelte Hebelwaage mit einer Einstellvorrichtung.

Bei den heute auf einigen Brikettfabriken verwendeten Hebelwaagen (Abb. 3) sind diese Bedingungen teilweise nicht mehr erfüllt. Die Hebelwaage des Werks, das die untersuchten Briketts herstellte, wies z.B. folgende Mängel auf:

Zu 1:
Die Briketts bekamen vor der Belastung des Hebelarmes, an dem die obere Mittelschneide befestigt ist, eine Vorlast von 50 bis 100 kg durch Anziehen einer Spindel, die das auf den beiden Schneiden des Auflagetisches liegende Brikett gegen die obere Mittelschneide drückt. Ohne diese Vorlast konnte bei den zu prüfenden Brikettstärken keine Messung durchgeführt werden, da auf Grund der Durchbiegung der Briketts der Lasthebel schon vor Erreichen der Bruchlast auf der Gabel auflag. Eine Änderung der Gabel, die ein weiteres Absinken des Lastarmes erlaubt hätte, konnte wegen der damit verbundenen zu großen Verkürzung des horizontalen Hebelarmes nicht vorgenommen werden.

Zu 2:
Die Belastungszunahme und Belastungsdauer sind dem Prüfer durch die mehr oder weniger schnelle Verschiebung eines Gewichts auf dem Hebelarm mittels Handrad überlassen. Es hat sich ergeben, daß bei steigender Vorschubgeschwindigkeit die Höhe der Bruchbelastungen zunimmt. Schon DOMKE (3) hat festgestellt, daß es bei der Biegefestigkeitsmessung sehr stark auf die

Dauer der Belastung ankommt. Er hat z.B. gezeigt, daß ein Brikett, das ohne Bruch eine kurzfristige höhere Belastung aushielt, bei einer länger

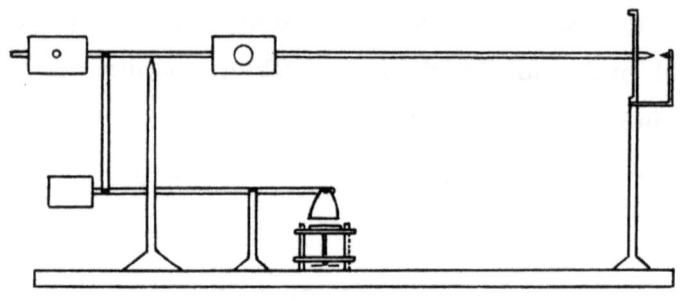

Abbildung 3
Schematische Darstellung der Hebelwaage

andauernden niedrigeren Belastung zu Bruch geht. Gleiche Beobachtungen wurden an der erwähnten Hebelwaage gemacht. Briketts, die einer unter der durchschnittlichen Bruchlast liegenden Belastung ausgesetzt wurden, brachen bei längerer Belastung schon bei Werten, die bis 10 % niedriger als die gemessene durchschnittliche Bruchlast lagen. Genau so leicht sind die Bruchlasten bei schnellerem Vorschub und entsprechender Verkürzung der Belastungsdauer um 10 bis 15 % zu überhöhen.

Zu 3:

An der Hebelwaage ist keine Briketteinstellvorrichtung vorhanden, die ein gleichmäßig mittiges Auflegen der Prüflinge gewährleistet; die Briketts werden nur nach Augenmaß auf die Schneiden gelegt. Überdies hat die Mittelschneide eine seitliche Abweichungsmöglichkeit von $\pm$ 5 mm, wodurch die Versuchsergebnisse je nach Lage der Schneiden entsprechenden Schwankungen unterliegen.

Zur Vermeidung dieser Mängel der Hebelwaage wurden die Biegefestigkeiten im Brikettierungs-Laboratorium der T.H. Aachen mit der beschriebenen hydraulischen Presse ermittelt. Um einerseits eine Mittenbelastung des Briketts zu gewährleisten und andererseits ein Verkanten des Kolbens der Druckmeßdose zu vermeiden, wurde zwischen Oberstempel und Pressentisch die aus Abbildung 4 ersichtliche Anordnung verwendet. An den Oberstempel A wurde eine Platte angeschraubt, die Träger der Mittelschneide war. Eine weitere Platte konnte sich an zwei Führungsstäben senkrecht frei bewegen; auf ihr waren die beiden Unterschneiden zur Auflage des Prüfkörpers befestigt. In der Mitte der Unterseite der beweglichen Platte befand sich eine Einfräsung zur Aufnahme des Schulterstücks B, das über eine Stahlkugel C die Verbindung zum Kolben der Druckmeßdose D herstellte. Während der Messung war der Oberstempel in Ruhe, während der Pressentisch über den Kolben im Pressenzylinder aufwärts bewegt wurde.

Zur Ermittlung der Abhängigkeit der Biegefestigkeit von der Vorschubgeschwindigkeit wurden zwei Versuchsreihen mit wechselnder Vorschubgeschwindigkeit von 8 mm/min und 80 mm/min durchgeführt. Als normale Vorschubgeschwindigkeit wurde auch bei allen späteren Versuchen 8 mm/min gewählt. Die bei ihr gefundenen Biegefestigkeiten für verschiedene Steinstärken zeigt die untere Kurve der Abbildung 5.

Die obere Kurve der Abbildung 5 zeigt die Biegefestigkeitswerte für die hohe Vorschubgeschwindigkeit von 80 mm/min. Die Kurve verläuft ganz anders als bei 8 mm/min Vorschubgeschwindigkeit, denn bei niedrigeren Steinstärken von 32 bis 40 mm liegen wesentlich höhere Biegefestigkeiten vor, die um einen Mittelwert von 16,6 kg/cm^2 stark schwanken und dann über 40 mm Steinstärke auf einen Mittelwert von 13,2 kg/cm^2 absinken, der also nur unerheblich höher liegt als der Mittelwert bei einer Vorschubgeschwindigkeit von 8 mm/min (12,5 kg/cm^2). Demnach ergibt sich auch hier die an der Hebelwaage festgestellte Beobachtung, daß mit zunehmender Geschwindigkeit der Belastungszunahme die gemessene Biegefestigkeitswerte steigen.

Das hier beobachtete Ansteigen der Biegefestigkeitswerte unterhalb von 40 mm Steinstärke ist auf folgende Ursachen zurückzuführen:

Bei den Preßlingen geringerer Steinstärke läßt sich die für reine Biegebeanspruchung vorausgesetzte Annahme nicht mehr aufrechterhalten, wonach der Prüfkörper seine Form während der Belastung beibehält. Es ergibt sich dann bei den dünneren eine andere Spannungsverteilung als bei den dickeren Briketts. Die dünneren haben eine größere Festigkeit als die dickeren, was durch die weiter unten behandelten Druckfestigkeitsmessungen festgestellt wurde; dadurch erhalten sie eine größere Elastizität, sie werden sich also bei der Belastung stärker durchbiegen.

Dank der erhöhten Elastizität werden die Scherspannungen geringer. Die Zugspannungen werden infolge der Verlagerung der neutralen Faserschicht (Abb. 6) bei der Durchbiegung der schwächeren Briketts größer und sind maßgebend für den Bruch des Briketts. Es kommt also hier nahezu zu einer reinen Biegebeanspruchung.

Diese Erscheinung wird begünstigt von der höheren Vorschubgeschwindigkeit, die den sonst schädigenden Kerbwirkungen, hervorgerufen durch Schwund- oder Quellrisse besonders der groben Körnungen, nicht die gleiche Zeit zur Auswirkung läßt wie beim langsamen Vorschub.

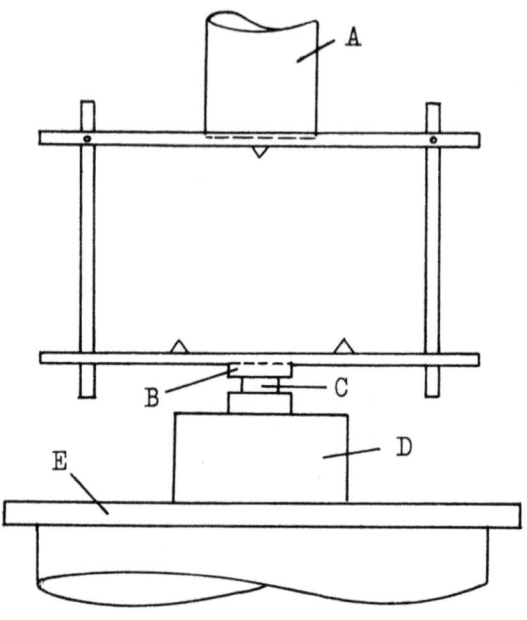

Abbildung 4

Hydraulische Presse für Biegefestigkeitsmessung auf der Schlagfläche
A Oberstempel, B Schulterstück, C Stahlkugel,
D Druckmeßdose, E Pressentisch

Die Biegefestigkeit eines Briketts ist sehr stark von seiner Oberflächenbeschaffenheit abhängig, weil dort die größten Zug- oder Druckspannungen auftreten. Gerade die Oberflächen der Briketts sind aber z.B. durch Schwund- oder Quellrisse oder durch vom Formzeug hervorgerufene Rillen oft geschwächt, so daß durch Kerbwirkungen die gemessenen Festigkeitswerte stark verändert werden. Die Biegefestigkeiten sind daher also eher ein Maß für die Güte der Randteile der Briketts als ein Wert der Durchschnittsfestigkeit der Preßlinge. Da aber für die Gütebeurteilung der Möllerbriketts vor allem die innere Festigkeit ausschlaggebend ist, kann die Biegefestigkeitsmessung zu diesem Zwecke nicht empfohlen werden.

2.2 Scherfestigkeit

Um die Formabhängigkeit und damit die Vergleichbarkeit der Biegefestigkeitsmessungen bei verschiedenen Versuchsanordnungen zu untersuchen, d.h. zu

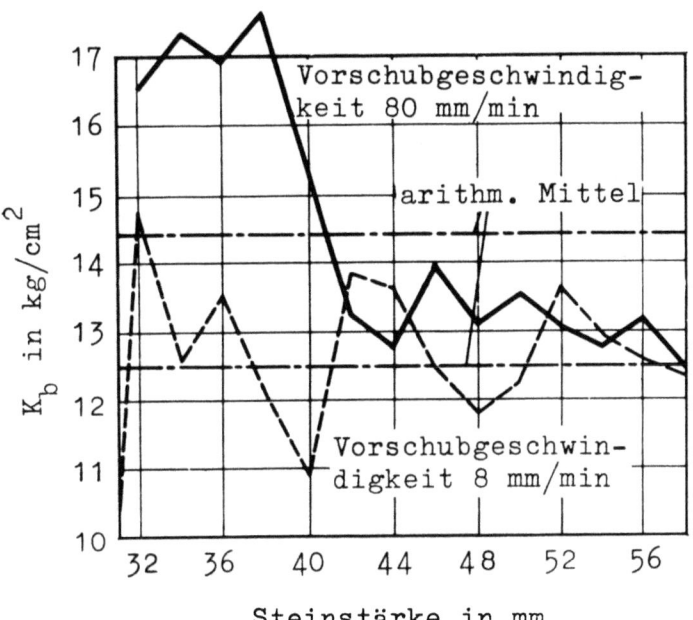

Abbildung 5

Biegefestigkeit in Abhängigkeit von der Steinstärke bei verschiedenen Vorschubgeschwindigkeiten (Baustoffprüfmaschine, 100 mm Schneidenabstand, Schlagfläche.)

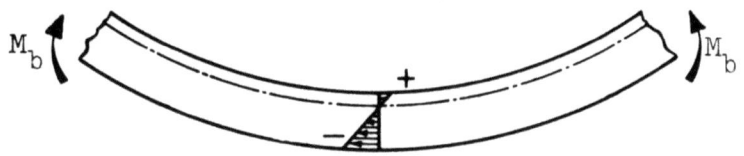

Abbildung 6

Verteilung der Normalspannungen bei der Durchbiegung des Balkens

+ Druckspannungen, M_b = Biegemoment

− Zugspannungen, − . − . − . neutrale Faserschicht

prüfen, ob unabhängig von dem Schneidenabstand und den Querschnittsabmessungen der Briketts sich gleiche Werte für K_b ergeben, wurde in einer weiteren Reihe die Schlagflächen-Biegefestigkeit bei 50 mm Schneidenabstand ermittelt.

VOLLMAIER (4) hatte bereits festgestellt, daß die gemessenen Biegefestigkeitswerte nur dann vergleichbar sind, wenn die Biegefestigkeit bei gleichem Schneidenabstand und gleichem Widerstandsmoment gemessen werden. Er ermittelte, daß die errechneten Biegefestigkeitswerte im Bereich von 20 bis 80 mm Schneidenabstand mit dessen Zunahme steigen und warf die Frage

Forschungsberichte des Wirtschafts- und Verkehrsministeriums Nordrhein-Westfalen

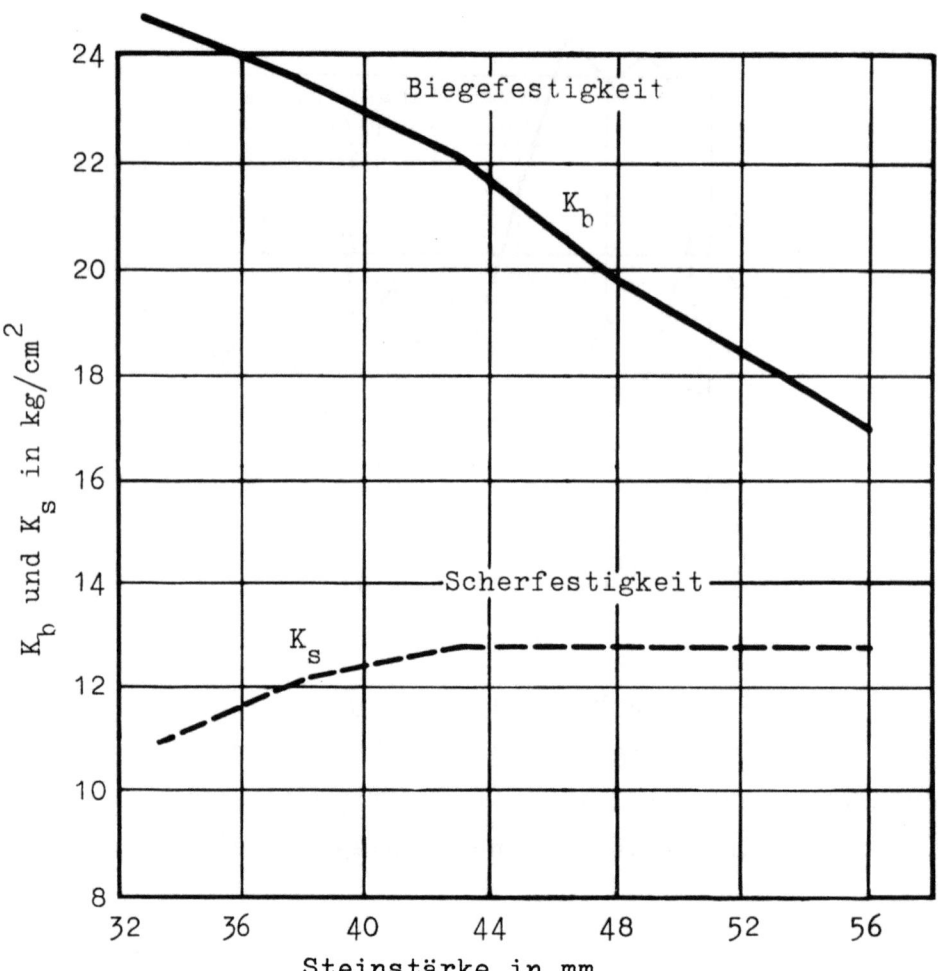

Abbildung 7

Biege- und Scherfestigkeit in Abhängigkeit von der Steinstärke
(Schneidenabstand 50 mm, Baustoffprüfmaschine)

auf, ob nicht bei geringem Schneidenabstand die Formel für die reine Scherbeanspruchung zutreffend sei (5).

VOLLMAIER ist dieser Frage damals nicht näher nachgegangen. Die in Abbildung 7 gezeigte Kurve K_b vermittelt die nach der Biegefestigkeitsformel

$$K_b = \frac{3 \cdot P \cdot l}{2 \cdot b \cdot h^2} \quad (kg/cm^2)$$

auf den Schlagflächen bei Steinstärken von 35 bis 50 mm ermittelten Biegefestigkeitswerte bei einem Schneidenabstand von 50 mm. Mit zunehmender Steinstärke nehmen die gemessenen Festigkeitswerte ab, über 43 mm Steinstärke ist dieser Verlauf linear. Während die Biegefestigkeitswerte bei Veränderung der Steinstärke h, aber unveränderter Höhe b des Briketts, sich durch das Widerstandsmoment ($W = \frac{b \cdot h^2}{6}$) mit h^2 ändern, tritt bei der Berechnung der Scherfestigkeit die Steinstärke h in der Querschnittsfläche (b . h = F) nur linear auf. Die gefundenen Belastungen werden nach der Formel für reine Scherspannung umgerechnet.

$$K_s = \frac{P}{F} = \frac{P}{b \cdot h} \left(kg/cm^2\right)$$

Es bedeuten: P = Belastung (kg), F = b.h = Querschnittsfläche (cm^2). Dabei ergab sich überraschenderweise (s. Kurve K_s in Abb. 7), daß alle Briketts mit Steinstärken über 40 mm die gleiche Scherfestigkeit von 12,8 kg/cm^2 haben.

Auf Grund der vorstehenden Ergebnisse erhält man demnach vergleichbare Werte für die Scherfestigkeit von Briketts verschiedener Steinstärke, wenn der Schneidenabstand bei der bisher üblichen "Biegefestigkeitsmessung" so gewählt wird, daß das Verhältnis von Schneidenabstand zur Brikettstärke bei der Abpressung von Schlagflächen kleiner als 1,25 ist. Falls man also aus betrieblichen Gründen nicht auf die Messung der Druckfestigkeit in der später geschilderten Weise übergehen kann, wäre vorzuschlagen, die Geräte für die bisher übliche sogenannte "Biegefestigkeitsmessung" so umzubauen, daß man durch Veränderung des Schneidenabstands zu reiner Scherbeanspruchung kommt, die dann nach der Scherfestigkeitsformel zu berechnen ist. Dabei wären natürlich die festgestellten Mängel der bisher üblichen Apparate auszumerzen.

2.3 Druckfestigkeitsmessung

Spannungsverhältnisse und Erläuterung der RAMMLER-METZNERschen Reduktionsformel

Bei der bisher behandelten Biegefestigkeitsbestimmung beeinflussen bei zunehmendem Verhältnis von Schneidenabstand zur Steinstärke immer mehr die Festigkeiten der äußeren Faserschichten die Höhe der möglichen Bruchbelastung. Gerade diese Schichten, d.h. die Randzonen, erfahren bei der Ausdehnung der Briketts nach der Druckentlastung und später bei etwaigen Schwund- und Quellerscheinungen die stärkste Festigkeitsminderung. Die Biegefestigkeitsbestimmung gibt demnach den schlechtesten Festigkeitswert mit starken Schwankungen an, die durch die vielfältigen zufälligen Veränderungen der Randzonen verursacht werden. Bei der Bestimmung der Scherfestigkeit ist, wie oben dargelegt wurde, der Einfluß der Randzonen praktisch zu vernachlässigen, so daß vorgeschlagen wurde, die Scherfestigkeiten unter Beachtung der oben dargelegten Gesichtspunkte (siehe vorhergehenden Abschnitt) als Kriterium für die Festigkeit von Briketts zu messen. Aber auch sie zeigen keinen Einfluß der Änderung der Festigkeiten mit der Steinstärke, der durch Druckfestigkeitsmessung festgestellt wird.

Die Druckbeanspruchung dagegen erzeugt, wenn man das Verhältnis von Stempeldurchmesser zu Steinstärke in einem gewissen Rahmen hält, den einachsigen Spannungszustand am besten und liefert bei der Druckfestigkeitsmessung einen auf die Stärke der Briketts bezogenen Wert für ihre durchschnittliche Festigkeit. Normen für die Druckfestigkeitsmessung von Briketts sind bisher ebensowenig wie für Biegefestigkeits- oder Scherfestigkeitsmessungen aufgestellt worden. Es werden meist noch Versuchspressen mit einfachem Handbetrieb für die Druckfestigkeitsmessung verwandt, die keinen gleichmäßigen und ununterbrochenen Vorschub des Stempels ermöglichen und daher zu stark unterschiedlichen Werten für die Druckfestigkeit führen. Nur in wenigen Fällen wird die Druckfestigkeitsmessung auf Maschinen nach Art der von uns verwendeten hydraulischen Prüfpresse mit Antrieb durch einen Elektromotor durchgeführt, die einen ununterbrochenen, gleichmäßig schnellen Vorschub gewährleisten. Vor allem fehlte es jedoch an einem Verfahren, das die bei verschiedenen Steinstärken gefundenen Druckfestigkeiten miteinander vergleichen ließ.

Dieser Frage widmeten sich neuerdings RAMMLER und METZNER (6), indem sie planmäßig die Abhängigkeit der gemessenen Druckfestigkeit von der Steinstärke untersuchten. RAMMLER und METZNER machten die bei verschiedenen Steinstärken, aber gleichen Brikettformen gemessenen Druckfestigkeiten mit der Festigkeit einer angenommenen Normsteinstärke vergleichbar, indem sie diese auf die Druckfestigkeit der Normsteinstärke reduzierten. Als Normsteinstärke wurde 45 mm gewählt, die auch unseren Versuchsreihen zu Grunde gelegt wurde, weil sie praktisch die mittlere Steinstärke von Salonbriketts (7"-Hausbrandbriketts) ist. Grundsätzlich ist die Wahl der Normsteinstärke beliebig und richtet sich nach der mittleren Steinstärke der untersuchten Briketts. (Zur Reduktion der bei zylindrischen Versuchsbriketts von 50 mm Dmr. und 12 bis 20 mm Steinstärke gemessenen Druckfestigkeiten, die wir im Rahmen anderer Versuchsreihen erhielten, wurde eine Normsteinstärke von 16 mm mit Erfolg angewandt.) Bei der Ableitung der unten angeführten Formel für die Reduktion der Druckfestigkeiten

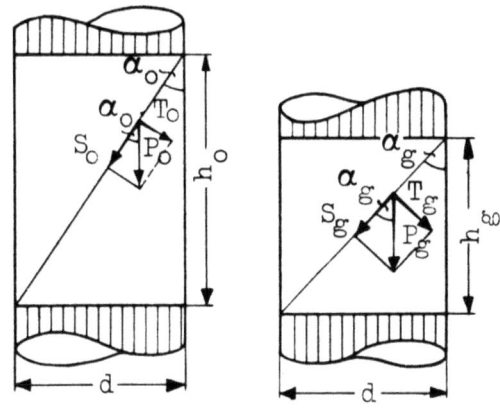

Abbildung 8

Zerlegung des Stempeldrucks P in Scherkomponente S und Sprengkomponente T

P_g gemessene Bruchbelastung (kg)
S_g Scherkomponente von P_g
T_g Sprengkomponente von P_g
P_o reduzierte Bruchlast (kg)
S_o Scherkomponente von P_o
K_d gemessene Bruchlast : Druckfläche = gemessene Druckfestigkeit (kg/cm²)
K_{do} reduzierte Druckfestigkeit (kg/cm²)
h_g gemessene Steinstärke (cm)
h_o Normalsteinstärke (4,5 cm)
d Stempeldurchmesser (cm)

gehen RAMMLER und METZNER davon aus, daß bei der Druckbelastung der Stempeldruck P in die Scherkomponente S und die Sprengkomponente T zerlegt werden kann (Abb. 8).

Die Sprengkomponente T des Stempeldrucks beeinflußt nur die außerhalb des Druckkegels liegende Brikettmasse. VOLLMAIER (7) sowie auch RAMMLER und METZNER (8) fanden, daß der Einfluß des unbelasteten Brikettrandes gegenüber dem Höheneinfluß verschwindend klein ist, d.h., die Sprengkomponente ist hier zu vernachlässigen. RAMMLER und METZNER (9) stellten auf Grund einer einfachen geometrischen Betrachtung für die Umrechnung der gemessenen Druckfestigkeit (K_d) in die auf eine Normsteinstärke bezogene Druckfestigkeit (K_{do}) folgende Formel auf:

$$K_{do} = \frac{\sqrt{h_n^2 + d^2}}{h_n} \cdot \frac{K_d \cdot h_g}{\sqrt{h_g^2 + d^2}}$$

$$(1) \quad \begin{aligned} |S_o| &= |S_g| \\ S_o &= S_g \\ S_g &= P_g \cdot \cos \alpha_g \end{aligned}$$

$$\cos \alpha_g = \frac{h_g}{\sqrt{h_g^2 + d^2}}$$

$$(2) \quad S_g = \frac{P_g \cdot h_g}{\sqrt{h_g^2 + d^2}}$$

$$(3) \quad S_o = P_o \cdot \cos \alpha_o$$

Auf Grund von Gleichung 1 ist 2 = 3 → Gleichung 4

$$(4) \quad P_o \cdot \cos \alpha_o = \frac{P_g \cdot h_g}{\sqrt{h_g^2 + d^2}}$$

$$P_o = \frac{1}{\cos \alpha_o} \cdot \frac{P_g \cdot h_g}{\sqrt{h_g^2 + d^2}}$$

Für die Normsteinstärke $(h_o) = 4,5$ cm bei $d = 3$ cm wird:

$$\frac{1}{\cos \alpha_n} = \frac{\sqrt{h_n^2 + d^2}}{h_n} = \frac{\sqrt{20,25 + 9}}{4,5} = \frac{5,4}{4,5} = 1,2$$

$$P_o = 1,2 \cdot \frac{P_g \cdot h_g}{\sqrt{h_g^2 + d^2}} \quad [kg]$$

$$K_{do} = 1,2 \cdot \frac{K_d \cdot h_g}{\sqrt{h_g^2 + d^2}} \quad [kg/cm^2]$$

Liegen die Steinstärken niedriger als die Normsteinstärke von 45 mm, so nimmt also die reduzierte Druckfestigkeit (K_{do}) gegenüber der gemessenen (K_d) ab und umgekehrt. Die Unterschiede sind umso größer, je größer d, der Stempeldurchmesser wird, so daß bei 5 cm Durchmesser des Stempels die Kurven steiler verlaufen als bei 3 cm Stempeldurchmesser.

Die Messungen zur Nachprüfung der Gültigkeit der Formel ergaben, daß grundsätzlich von der Scherkomponente S die Reibungskraft vektoriell abzuziehen ist, d.h., daß die Werte nur dann vergleichbar sind, wenn bei den verschiedenen Versuchen zwischen Brikett und Stempeloberfläche der gleiche Reibungsbeiwert vorliegt. Bei einem Gütevergleich muß demnach die Oberflächenbeschaffenheit des Prüfstempels und auch des Gegenstempels unverändert sein. Die Abweichungen des Reibungsbeiwertes für Kohle und Stahlstempel, die durch verschiedene Oberflächenbeschaffenheit der Briketts, bedingt durch wechselnde Härte, Wassergehalt, Lignitgehalt oder mineralische Bestandteile, in den untersuchten Braunkohlenbriketts hervorgerufen werden, sind nur gering.

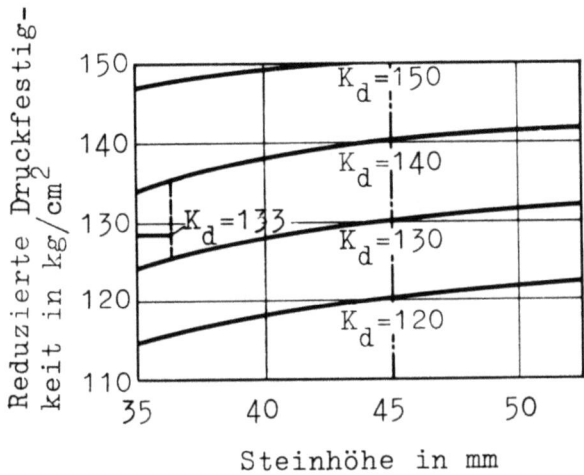

A b b i l d u n g 9
Reduktionstabelle für Stempel von 3 cm Dmr

Briketts gleicher Festigkeit ergaben dagegen bei Einfetten der Brikettoberfläche gegenüber der Druckfestigkeit eines Briketts, das normal, d.h. ohne Fettung der Oberfläche abgepreßt wurde, eine Minderung der gemessenen Druckfestigkeit um etwa 30 %. Der Reibungsbeiwert zwischen einer fettfreien, geschruppten Stahlstempeloberfläche und der Brikettoberfläche, wie sie bei den Versuchen gebraucht wurden, wurde größenordnungsmäßig zu 0,5 bis 0,6 ermittelt. Da wir jedoch immer unter gleichen Versuchsbedingungen arbeiteten, bei denen der Reibungsbeiwert nicht verändert wurde, konnten wir auf eine rechnerische Berücksichtigung des Reibungsbeiwertes verzichten, zumal die Formel keine absoluten, sondern immer nur relative, bei verschiedenen Steinstärken vergleichbare reduzierte Druckfestigkeiten ergeben soll. Für die schnelle Umrechnung der gemessenen Druckfestigkeit K_d in die "reduzierte" Druckfestigkeit K_{do} wurde nach der obigen Formel von RAMMLER und MEZNER ein Diagramm verwendet (Abb. 9). Die graphische Reduktion der gemessenen Druckfestigkeit in die reduzierte Druckfestigkeit (K_d von 133 kg/cm^2; h_g = 36,5 mm) zeigt das Beispiel der Abb. 9.

VOLLMAIER (10) bemerkte sodann, daß die gemessenen Druckfestigkeiten von der Größe der Stempeloberfläche abhängig sind. An den vorliegenden Versuchsbriketts wurden die Druckfestigkeiten mit einem Stempel von 3 cm Dmr. (7,1 cm^2 Oberfläche) und 5 cm Dmr. (19,6 cm^2 Oberfläche) auf der Schlagfläche und Glanzfläche und bei ganzflächiger Abpressung auf der Schlagfläche ermittelt und jeweils auf die Normsteinstärke umgerechnet.

Auf Grund der oben angeführten Ergebnisse und der weiteren Versuchsreihen, die an anderer Stelle (11) näher beschrieben wurden, lassen sich über die Druckfestigkeitsprüfung folgende Aussagen machen:

Bei der Druckfestigkeitsmessung ist der einachsige Spannungszustand weitgehend erreicht. Vor allem liefert sie einen auf den Querschnitt des Briketts bezogenen Festigkeitsdurchschnittswert. Die Vergleichbarkeit der bei verschiedenen Steinstärken ermittelten Druckfestigkeiten konnte durch einen gleichmäßigen mechanisierten Vorschub auf der hydraulischen Presse und vor allem durch Anwendung der von RAMMLER und METZNER vorgeschlagenen Reduktionsformel erreicht werden. Durch sie werden die bei verschiedenen Steinstärken und Prüfstempeln gemessenen Druckfestigkeiten mit der Druckfestigkeit einer Normsteinstärke vergleichbar gemacht, die hier zu 45 mm gewählt wurde. Bei der Druckfestigkeitsmessung mit Stempeln von 3 und 5 cm Durchmesser ergab sich im Bereich von 60 bis 30 mm Steinstärke mit Abnahme der Steinstärke eine Festigkeitsminderung von 5 bis 6 %. Die Prüfung mit einem Stempel von 3 cm Durchmesser ist vorzuziehen, da bei ihm die aufzubringende Belastung selten 2 t übersteigt, so daß die Druckfestigkeitsmessungen mit ihm auf einer schwächeren und damit billigeren Presse durchgeführt werden können. Weiterhin treffen bei dieser Messung, verglichen mit der bei einem Stempel von 5 cm Durchmesser, bei den verschiedenen Steinstärken kleinere Unterschiede der gemessenen Druckfestigkeiten auf, sodaß in einigen Steinstärkenbereichen (z.B. zwischen 40 und 50 mm Steinstärke) die gemessenen Druckfestigkeiten vergleichbare Festigkeitswerte ergeben, ohne daß ihre Umrechnung in die reduzierte Druckfestigkeit nötig ist.

Obgleich die Druckfestigkeiten, die auf Schlag- oder Glanzflächen ermittelt werden, etwa die gleichen Ergebnisse zeigen (1 % Abweichung), ist die Schlagflächenprüfung vorzuziehen, weil bei der Glanzflächenpressung durch den Spaltereinfluß 15 bis 20 % der Meßwerte nicht zu gebrauchen sind. Es ergaben sich auf verschiedenen Abschnitten eines Briketts Festigkeitsunterschiede bis zu 10 %, die auf Kornentmischung vor allem bei der Füllung des Formkanals zurückzuführen sind.

Durch mehrmalige Abpressung des gleichen Briketts wurde festgestellt, daß durch eine vorausgegangene Beanspruchung andere Teile des Briketts nicht geschwächt werden. Bei der Druckfestigkeitsmessung mit bedeckenden Platten lagen die Werte im Durchschnitt 30 bis 40 % höher als die mit Stempeln von 3 und 5 cm Durchmesser gemessenen Druckfestigkeiten. Eine einwandfreie Umrechnung der gemessenen Druckfestigkeiten bei wechselnden Steinstärken in reduzierte Druckfestigkeiten nach der RAMMLER-METZNERschen Reduktionsformel erwies sich als undurchführbar. Überdies traten dadurch Mängel auf, daß die Druckplatten infolge der fehlenden Planparallelität der Brikettoberflächen verkanteten.

Auf Grund unserer Versuchsergebnisse ist folgende Versuchsanordnung zur Durchführung der Druckfestigkeitsprüfung empfohlen worden:

Auf einer hydraulischen Presse von mindestens 2 t Höchstlast sind die Briketts mittig auf der Schlagfläche mit einem Stempel von 3 cm Durchmesser abzupressen. Die Bearbeitungsart der Stahlstempeloberfläche ist genau festzulegen, um immer den gleichen Reibungsbeiwert zwischen Brikettoberfläche und Stahloberfläche zu gewährleisten. Die Vorschubgeschwindigkeit des Prüfstempels soll dabei 8 bis 12 mm/min betragen, wobei die Höchstbelastung nach etwa 2 bis 10 s erreicht wird. Die mittige Abpressung ist durch eine Briketteinstellvorrichtung zu erreichen. Die Beschriftung der Briketts sollte dahin abgeändert werden, daß in der Mitte der Schlagfläche Raum für das Aufsetzen des Prüfstempels gelassen wird. Die bei verschiedenen Steinstärken gemessenen Druckfestigkeiten sind mit der RAMMLER-METZNERschen Formel auf eine Normsteinstärke von 45 mm zu reduzieren, wofür ein Diagramm zu verwenden ist.

2.4 Raumgewichtsbestimmungen

Bestimmungsverfahren und ihre Fehlerquellen

Wenn in der Praxis von "Dichte" oder "spezifischem Gewicht" der Briketts gesprochen wird, ist darunter immer das Raumgewicht zu verstehen, welches je nach der Verdichtung der Briketts und den noch in ihren Formen enthaltenen Luftanteilen sehr verschieden sein kann. Das eigentliche spezifische Gewicht oder die Dichte wird also nach dem üblichen Meßverfahren niemals erfaßt, sondern lediglich das Raumgewicht, von dem hier nur zu sprechen ist. Die Raumgewichtsbestimmung wird durch Wägung an der Luft und unter Wasser durchgeführt, wobei man sich heute durchweg der auch von uns benutzten Toledo-Waage mit einer besonders für das Einlegen von Salonbriketts konstruierten Wiegeschale der Firma Toledo-Werk, Köln-Sülz, oder grundsätzlich ähnlicher Waagen bedient.

Um Fehler auszuschalten, ist bei der Bestimmung von G_w (Gewicht unter Wasser) auf folgendes zu achten:

1) Das Wasser muß die Brikettoberfläche völlig benetzen, damit die Luftbläschen von der Oberfläche und vor allem von den Bruchflächen entfernt werden, wenn z.B. wie bei unseren Messungen zur Raumgewichtsbestimmung gebrochene Briketts benutzt werden. In allen Fällen, bei denen noch sichtbare Luftbläschen an den unter Wasser gewogenen Briketts haften, wird der Wert des Briketts unter Wasser von G_w zu niedrig gefunden; dadurch ergibt sich auch ein zu niedriger Wert für das Raumgewicht r. Es ist daher zweckmäßig, dem Wasser geringe Mengen (0,1 bis 0,2 %) von Benetzungsmitteln wie Erkalan, Utinal oder dergleichen zuzusetzen, welche keine meßbare Erhöhung der Dichte des Wassers verursachen, jedoch eine schnelle und einwandfreie Benetzung der Brikettoberfläche gewährleisten.

2) Der Draht, an dem die Brikettauflage hängt, muß möglichst leicht und dünn sein, damit seine Gewichtsabnahme beim tieferen Eintauchen in das Wasser bei Belastung G_w möglichst wenig beeinflußt. Aus dem gleichen Grunde muß im unbelasteten Zustand der Waage das eigentliche Gehänge für die Briketts gerade völlig unter Wasser tauchen.

3) Bei der Wägung von bereits gebrochenen Briketts, an denen z.B. schon die Biegefestigkeit bestimmt wurde, ist die Bruchfläche gründlich von losen Teilchen zu befreien, damit durch ein späteres Abbröckeln keine Gewichtsverfälschung stattfindet.

4) Das Gehänge muß außerdem deshalb ohne Belastung gerade unter dem Wasserspiegeln hängen, damit es bei Belastung nicht unnötig tief in das Wasser eintaucht. Durch höheren hydrostatischen Druck würden Lufteinschlüsse im Brikett verstärkt durch das Wasser verdrängt und das Raumgewicht zu hoch gefunden werden.

Die genannten vier Fehlerquellen können unter Umständen dazu führen, daß bei dieser Art der Raumgewichtsbestimmung unterschiedliche Werte für das

Raumgewicht gefunden werden, die in den ersten drei Fällen durch eine Erniedrigung oder im vierten Fall durch eine Erhöhung der gemessenen G_w-Werte gegenüber den Werten, die sich bei einer normalen Messung ergeben hätten, verursacht sind.

Um festzustellen, inwieweit die an den gleichen Briketts gemessenen Druckfestigkeiten und Raumgewichte vergleichend als Gütemerkmal herangezogen werden können, wurden an den Briketts verschiedener Steinstärke zunächst Druckprobe und anschließend die Raumgewichtsbestimmung durchgeführt.

Es ergab sich zwischen dem Raumgewicht und der Druckfestigkeit zwar eine gewisse Abhängigkeit, jedoch sind die Unterschiede der gleichzeitigen Zu- oder Abnahme von reduzierter Druckfestigkeit und Raumgewicht so verschieden, daß sie als vergleichbare Festigkeitsmerkmale nicht geeignet sein dürften. Die relative Zunahme von Raumgewicht und reduzierter Druckfestigkeit betrug mit abnehmender Steinstärke:

in dem Steinstärkenbereich von (mm)	Zunahme des Raumgewichtes r (%)	Zunahme der reduzierten Druckfestigkeit K_{do} (%)
55 bis 50	1,5	2,5
50 bis 45	0,5	13,2
45 bis 40	0,5	2,4

Streuungen des Raumgewichtes

Bei Betrachtung der Einzelwerte von je zwölf Messungen bei der gleichen Steinstärke, wie sie beispielsweise für 50-mm-Steinstärke in der Abbildung 10 dargestellt sind, ist das Fehlen einer eindeutigen Proportionalität zwischen Druckfestigkeit und Raumgewicht noch besser zu erkennen. Die Neigung, bei höheren Druckfestigkeiten auch höhere Raumgewichte zu erreichen, liegt im allgemeinen zwar vor, ist jedoch beim Vergleich von Einzelwerten durchaus nicht vorhanden. Auch die Gegenüberstellung der Einzelwerte von Druckfestigkeitsmessungen und Raumgewichten bei Versuchsreihen, welche mit Briketts anderer Steinstärken durchgeführt wurden, zeigt deutlich, daß zwischen Druckfestigkeit und Raumgewicht keine strenge Abhängigkeit herrscht. Das Raumgewicht stellt keine Festigkeitseigenschaften dar. Das Messen des Raumgewichtes als Gütebestimmung ist also nur dann sinnvoll, wenn die gefundenen Werte mit denen eines einwandfreien Festigkeitsbestimmungsverfahrens, wie es in der Druckfestigkeitsbestimmung unter den angegebenen Bedingungen gegeben ist, proportional sind. Selbst wenn durch genügend viele Messungen des Raumgewichts das mittlere Raumgewicht von Briketts ermittelt wird, so sagt der so gefundene Wert zunächst noch nichts über die Druckfestigkeit des Briketts aus. Zur Mittelwertbildung dürften nach unseren Feststellungen auch betrieblich erst zehn bis zwölf Messungen der gleichen Steinstärke gegenüber fünf Messungen bei der betrieblichen Bestimmung der Druckfestigkeit ausreichen.

Will man lediglich aus Raumgewichtsbestimmungen von Briketts auf ihre Bruchfestigkeit schließen, d.h., will man das Raumgewicht trotz der grundsätzlichen Bedenken gegen ein solches Vorgehen als Gütemerkmal für Briketts heranziehen, so muß man für jede Steinstärke, jede Kohlensorte sowie für jede Preßbedingung entsprechende Kurven aufstellen. Aus ihnen kann dann erst - immer unter Voraussetzung genügend vieler Einzelbestimmungen für die Bestimmung eines zuverlässigen Raumgewichtes - der Wert für die Druckfestigkeit aus dem entsprechenden Raumgewichtswert entnommen werden.

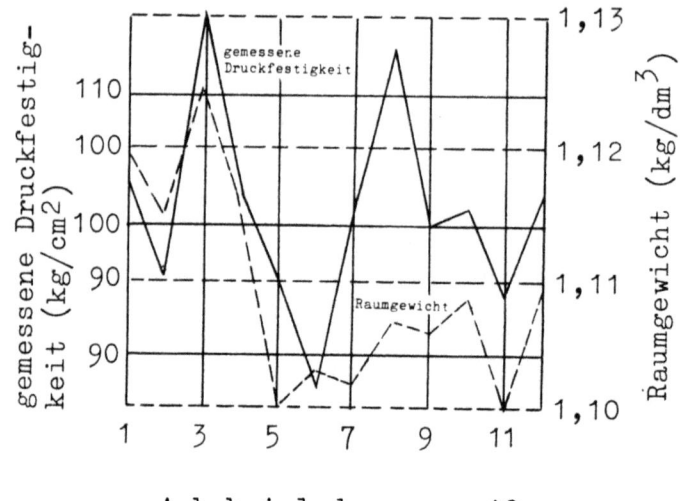

Abbildung 10

Gemessene Druckfestigkeit und Raumgewicht bei 50 mm Steinstärke

Da die Raumgewichtsbestimmung zumindest ebenso lange dauert und wesentliche größere Streuungen ergibt als die Druckfestigkeitsmessung, sollte man sich für die Erfassung der Festigkeitseigenschaften von Briketts auf die Druckfestigkeitsmessungen nach dem vorgeschlagenen Verfahren beschränken.

Lagerbeständigkeit

Biegefestigkeits-, Druckfestigkeits- und Raumgewichtsbestimmungen nach 5 und 7 Wochen Lagerzeit.

Zur Prüfung der Veränderungen der eine Woche nach Herstellung der Briketts gefundenen Werte von Biege- und Druckfestigkeit sowie Raumgewicht nach längerer Lagerzeit wurden die Messungen 5 und 7 Wochen nach der Verpressung wiederholt, wobei alle drei Messungen am gleichen Brikett durchgeführt wurden. Die geringsten Streuungen traten bei der Druckfestigkeitsmessung auf, wobei die reduzierten Druckfestigkeiten, die nach 5 Wochen Lagerung gemessen wurden, bei einer Minderung um 10 % fast parallel zu den nach einer Woche gefundenen Werten liegen. Nach 7 Wochen sind sie nochmals um 2 bis 3 % abgesunken. Die sowohl auf der Schlag- als auch auf der Glanzfläche ermittelten Biegefestigkeiten weisen 5 oder 7 Wochen nach der Verpressung eine noch geringere Vergleichbarkeit zur Druckfestigkeit auf als bei der ersten Prüfung nach etwa einer Woche Lagerzeit. Auch die nach einer Woche Lagerzeit festgestellten Beziehungen zwischen Raumgewicht und Steinstärke haben nach 5 und 7 Wochen Lagerzeit keine Gültigkeit mehr, so daß irgendeine Abhängigkeit zwischen Raumgewicht und Druckfestigkeit nach längerer Lagerzeit überhaupt nicht erkennbar ist. Den zuverlässigsten Einblick in die Festigkeitseigenschaften von Briketts, unabhängig von ihrer Lagerzeit, ergeben nach den vorliegenden Versuchen zweifellos die Druckfestigkeitsmessungen bei den gekennzeichneten Bedingungen, so daß diese auch aus letzteren Gründen als Normen für die Bestimmung der Festigkeiten von Briketts vorzuschlagen sind.

2.5 Trommelfestigkeit

Neben der Druckfestigkeitsmessung wurde zur Gütebeurteilung der Formlinge auch die Trommelfestigkeit herangezogen. Bei der Trommlung wirkt als Kraft neben der Reibung auch eine Sturzkomponente, die das gesamte Brikettgefüge beansprucht, während bei der Reibung vornehmlich Kanten und Ecken in Mitleidenschaft gezogen werden. Man kann also durch die Trommelprobe Gütewerte erhalten, die sowohl die Abriebfestigkeit und im geringen Umfang die Sturzfestigkeit der Formlinge berücksichtigen. Die Trommelfestigkeit von Möllerbriketts ist neben der Druckfestigkeit maßgebend für die Beurteilung ihrer Eignung als Einsatzgut in einem Niederschachtofen, weil nicht trommelfeste Briketts durch starke Grusbildung den störungsfreien technischen und wirtschaftlichen Betrieb eines solchen Ofens in Frage stellen würden. Die Ermittlung der Trommelfestigkeit gestattet keine absolute Aussage über die Eignung der Briketts zur Schwelverhüttung, da bislang keinerlei Anhaltswerte über die wirkliche Abrieb- bzw. Sturzbeanspruchung dieses Einsatzgutes bekannt sind.

Die Normung der Trommelfestigkeitsmessung (DIN 51712) beschränkt sich lediglich auf die Betriebsmessung mit größeren Trommeln, die eine Probemenge von 50 kg erfordert. Aus diesem Grunde werden in den Laboratorien die verschiedensten Trommeltypen und Trommlungsarten gebraucht, die selbst untereinander keine vergleichbaren Messungen erlauben (12). Die bei uns immer mit der gleichen Trommel und den gleichen Bedingungen gemessenen Trommelfestigkeiten ermöglichen es aber, die unter verschiedenen Voraussetzungen erzeugten Preßlinge mit einem weiteren relativen Gütemerkmal zu versehen. Die im Brikettierungslaboratorium verwendete Trommel hat einen Durchmesser von 250 mm und eine Länge von 80 mm. Zur Beschickung der Trommel ist 1/4 der Trommelwandung abschraubbar. Sie wurde mit 30 U/min betrieben, so daß die gewählten 100 Umdrehungen nach 3 Minuten und 20 sec erreicht waren. In der Trommel sind über die ganze Länge 4 Stege, jeweils um $90°$ versetzt, eingebaut. Die Steghöhe beträgt 30 mm und ihre Breite 3 mm. Die Trommel wird von einer Welle von 25 mm Durchmesser angetrieben. Zur Prüfung wurden jeweils 5 Briketts zu je 60 g in die Trommel gefüllt. Zur Charakterisierung der "Abriebfestigkeit" wurde der prozentuale Rückstand über 20 mm ermittelt.

Da sich unter der oben beschriebenen Versuchsanordnung bei Veränderung der Brikettierfaktoren nur sehr wenig Trommelfestigkeitswerte ergaben, sind zur Zeit im Brikettierungslaboratorium Versuche mit einer etwas abgeänderten Trommel im Gange, welche die Trommlungsart mit optimaler Beanspruchung vor allem in Bezug auf Trommlungsdauer und Drehzahl ermitteln sollen. Die vorläufigen Ergebnisse haben gezeigt, daß die bisherigen Prüfanordnungen nicht das Optimum an Abrieb ergeben.

3. Veränderung der Brikettierfaktoren

3.0 Allgemeines

Im Brikettierungslaboratorium der Technischen Hochschule Aachen wurden mit einer rheinischen Braunkohle Preßversuche unter Veränderung der Kohlebeschaffenheit und der Preßbedingungen durchgeführt. Diese Untersuchungen sollten die Möglichkeiten zur Erlangung eines Formlings möglichst hoher Festigkeit herausstellen mit dem Ziele, die Braunkohle zur Möllerbrikettierung heranzuziehen. Die Versuchsbriketts von 50 mm ⌀ wurden unter festliegenden Bedingungen mit einer Einwaage von 40 g auf der gleichen hydraulischen Versuchspresse (Baustoffprüfmaschine der Firma Losenhausen, Type BP 60 für 60 t Höchstlast) hergestellt (siehe 2.1). Auch die Druckfestigkeiten der Versuchsbriketts wurden unter Heranziehung der unter 2.1 festgelegten Erkenntnisse mit einem Prüfstempel von 30 mm ⌀ auf der gleichen Presse gemessen.

3.1 Brikettfestigkeit in Abhängigkeit vom Wassergehalt

Preßversuche bei unterschiedlichem Wassergehalt des Brikettiergutes zeigten (Abb. 11), daß bei 1000 kg/cm^2 Preßdruck mit etwa 19 % Wassergehalt der Trockenkohle die höchste Festigkeit zu erzielen ist, während mit Erhöhung des Preßdruckes auf 2000 oder 3000 kg/cm^2 der optimale Wassergehalt auf etwa 12 bzw. etwa 8 % sinkt. Je geringer der Preßdruck, umso enger ist dieser optimale Bereich. Eine Veränderung der Trocknungsart oder der Kornzusammensetzung des Brikettiergutes hatte keine bedeutende Festigkeitsveränderung der Briketts zur Folge, oder zumindestens war keine eindeutige Gesetzmäßigkeit des Festigkeitsverhaltens zu erkennen.

Um die Ursächlichkeit der Festigkeitsveränderungen besser erkennen zu können, wurde auch die Messung der verschiedenen Steinstärken und die Berechnung der Expansionen in die Untersuchungen aufgenommen. Die 1. Expansion verhält sich bei der Veränderung des Wassergehaltes etwa umgekehrt proportional zu der Druckfestigkeit. Die 1. Expansion ist der prozentual auf die Ausgangssteinstärke bezogene Steinstärkenunterschied zwischen dem Abstand von Ober- und Unterstempel beim Höchstdruck und der Brikettstärke nach Verlassen des Formzeugs (Abb. 12).

3.2 Brikettfestigkeit in Abhängigkeit vom Preßdruck

Ohne Berücksichtigung des für jeden Preßdruck spezifischen optimalen Wassergehaltes zeigte sich, daß bei 20 % Wassergehalt das Ausmaß der Festigkeitserhöhung mit Steigerung des Preßdruckes immer geringer wird (Abb. 13). Die Messungen der zwischen 250 und 3000 kg/cm^2 Preßdruck erzeugten Briketts ergaben, daß die Steinstärke primär für den Preßdruck kennzeichnend ist. Sie verhält sich in Abhängigkeit zum Preßdruck etwa umgekehrt proportional zur Druckfestigkeit. Die 1. Expansion dagegen nimmt von 250 bis

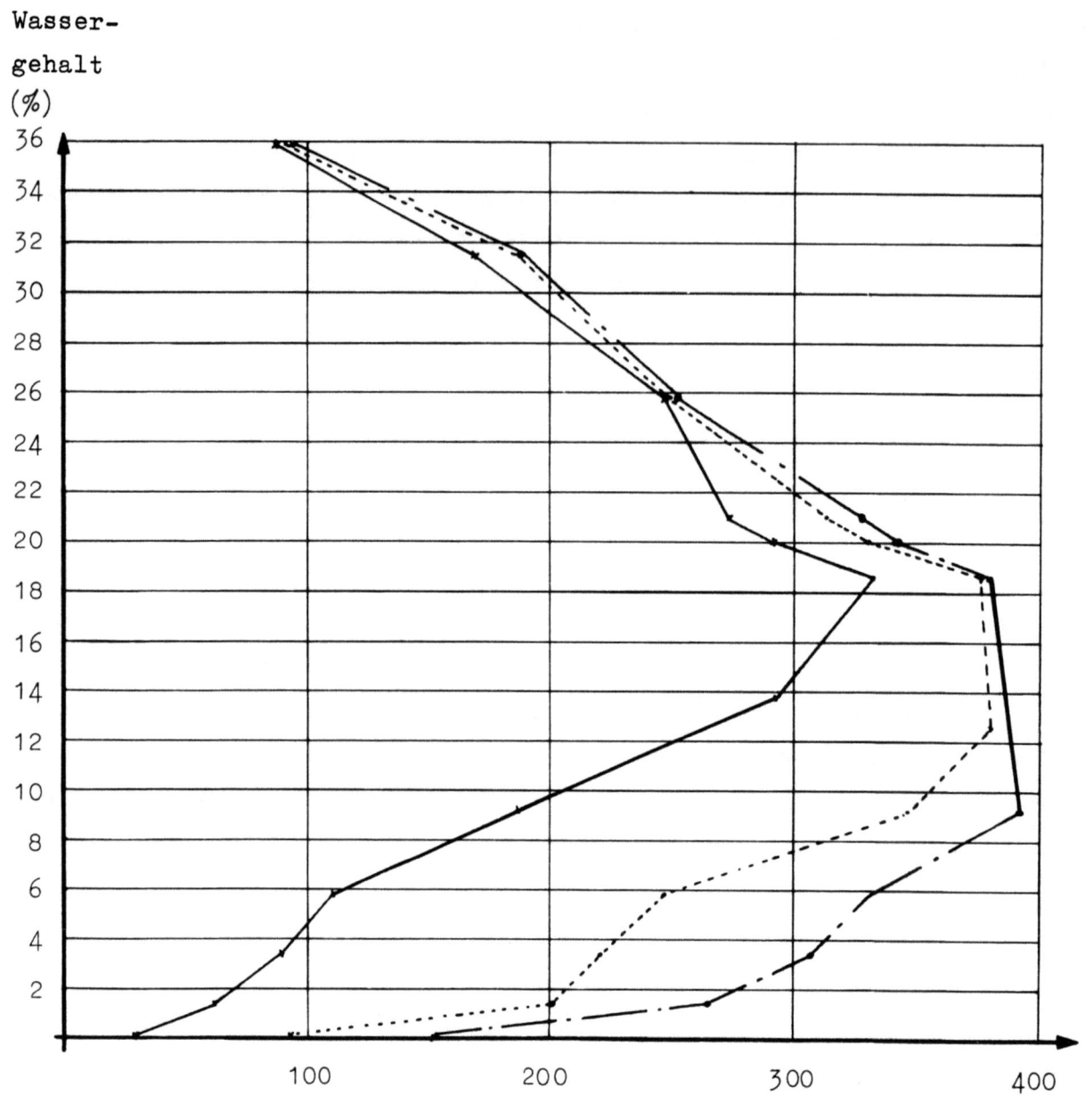

Abbildung 11

Nachgetrocknete Rohbraunkohle. Reduzierte Druckfestigkeit in Abhängigkeit vom Wassergehalt bei Preßdrücken von
——— 1000 kg/cm^2
------ 2000 kg/cm^2
—·— 3000 kg/cm^2

1000 kg/cm^2 zunächst gering ab, um dann bis 3000 kg/cm^2 Preßdruck auf den doppelten Betrag zu steigen.

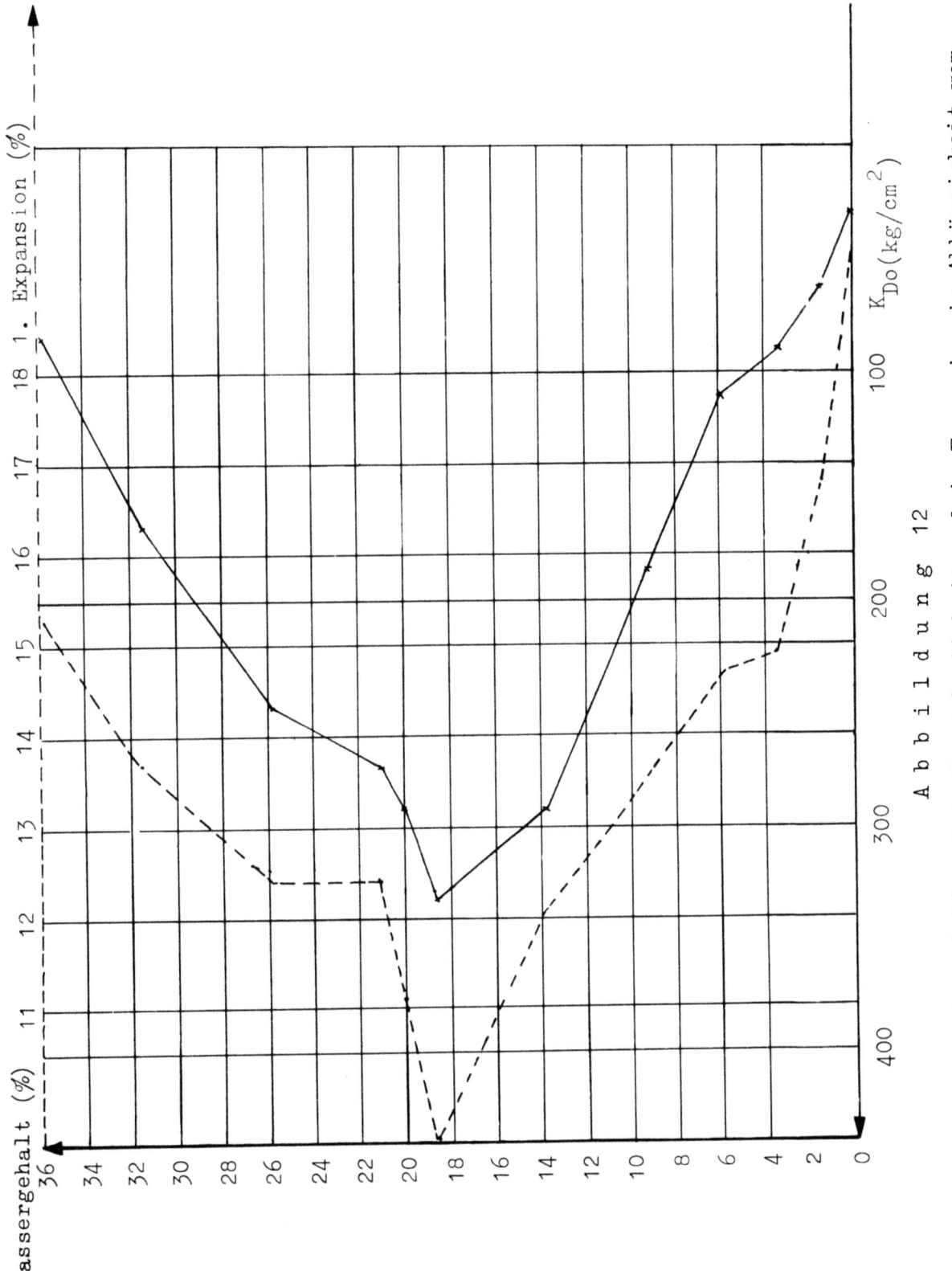

Abbildung 12

Nachgetrocknete Rohbraunkohle. Red. Druckfestigkeit und 1. Expansion in Abhängigkeit vom Wassergehalt bei 1000 kg/cm² Preßdruck ——— reduzierte Druckfestigkeit (K_{Do}) ----- 1. Expansion

Forschungsberichte des Wirtschafts- und Verkehrsministeriums Nordrhein-Westfalen

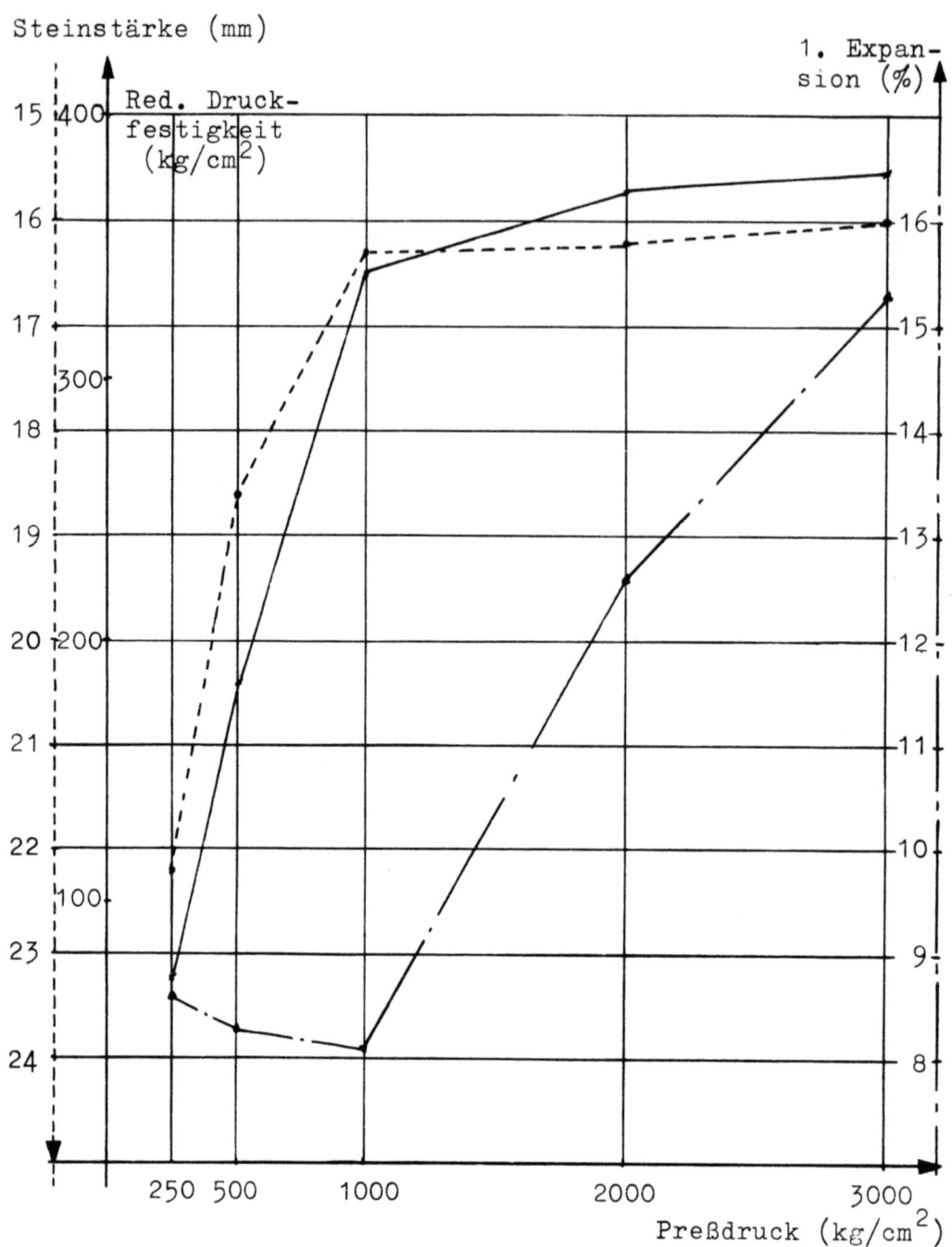

Abbildung 13

Lufttrockene Rohbraunkohle mit etwa 20 % Wassergehalt

Red. Druckfestigkeit ─────── , 1. Expansion ─ ─ ─ ─

Steinstärke h_3 ─ ─ ─ ─ ─ ,

in Abhängigkeit vom Preßdruck

Diese Erscheinungen sind zu deuten aus der Tatsache, daß ohne Veränderung des Wassergehalts das Verhältnis von Nutzbarkeit zu Gesamtarbeit mit Erhöhung des Preßdrucks immer ungünstiger wird.

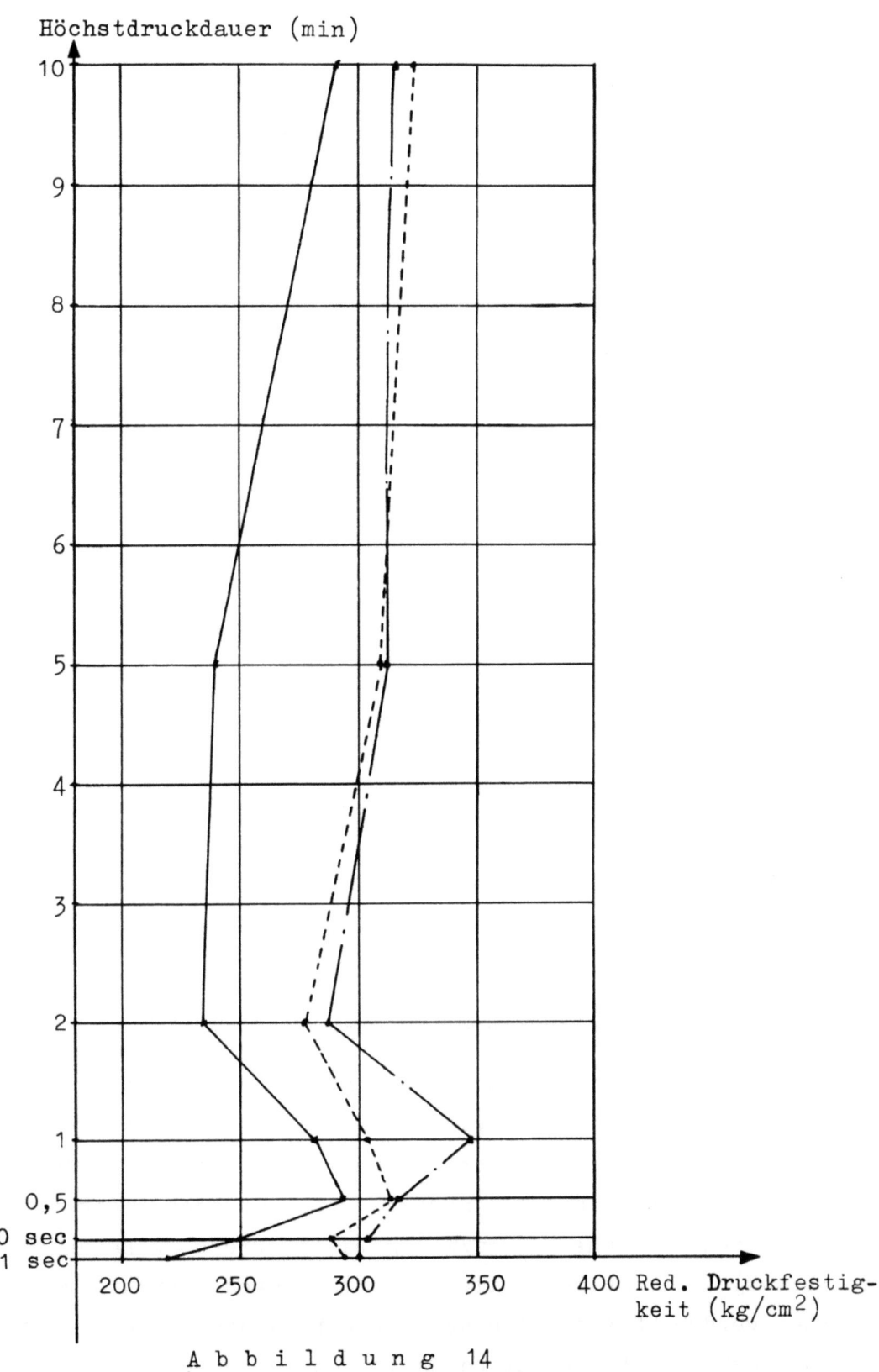

Abbildung 14

Unklassierte Fabriktrockenkohle. Reduzierte Druckfestigkeit in Abhängigkeit von der Höchstdruckdauer bei Preßdrücken von

1000 kg/cm² ——— ; 3000 kg/cm² —·—·—
2000 kg/cm² -----

3.3 Untersuchungen über die Abhängigkeit der Druckfestigkeit von der Höchstdruckdauer

Während bei der normalen Versuchsdurchführung der Preßling nach Erreichen des Höchstdruckes von 1000, 2000 oder 3000 kg/cm^2 sofort wieder entlastet wurde - hierfür wurde eine Höchstdruckdauer von einer Sekunde angenommen - ist in dieser Versuchsreihe die Zeit, in welcher die Höchstdruckdauer auf das Brikett wirkte, auf 10 und 30 Sekunden, sowie auf 1, 2, 5 und 10 Minuten erhöht worden. Wie aus Abbildung 14 ersichtlich, ist es bei allen drei Preßdrücken möglich, die Druckfestigkeit eines Briketts um 10 bis 20 % durch längere Höchstdruckdauer zu erhöhen. Die Druckfestigkeit nimmt jedoch mit Verlängerung der Höchstdruckdauer nicht stetig zu, sondern sie erlangt bei 1000 und 2000 kg/cm^2 Preßdruck nach 30 Sekunden und bei 3000 kg/cm^2 bei einer Minute ihr Maximum, fällt dann bei zwei Minuten Höchstdruckdauer auf die bei einer Sekunde erreichte Festigkeit zurück, um sich dann bei 5 und 10 Minuten Höchstdruckdauer wieder zu erhöhen.

Ähnlich wie bereits unter 3.1 festgestellt, verhalten sich hier bei 1000 und 2000 kg/cm^2 Preßdruck die ersten Expansionen zu den Druckfestigkeiten etwa umgekehrt proportional, während bei 3000 kg/cm^2 Preßdruck die Expansionen sich mit Verlängerung der Höchstdruckdauer stetig erniedrigen. Da der Zeitaufwand der längeren Preßdruckdauer in keinem Verhältnis zur erzielten Qualitätsverbesserung, d.h. Festigkeitserhöhung der Briketts, steht, kann aus dieser Erscheinung im großtechnischen Verfahren kein Nutzen gezogen werden.

3.4 Veränderung der Vorschubgeschwindigkeit

Als weitere Preßbedingung wurde in einer Versuchsreihe die Vorschubgeschwindigkeit des Stempels zwischen 8 und 80 mm/min verändert, wozu die Kornfraktion 1-2 mm einer Fabriktrockenkohle mit 15,2 - 16,5 % Wassergehalt herangezogen wurde. Als normale Vorschubgeschwindigkeit wurde bei allen anderen Versuchen 30 mm/min gewählt. Diese in Bezug auf Korngröße und Wassergehalt eng begrenzten Untersuchungen können nur als Tastversuche gewertet werden. Sie sollten nur darüber Aufschluß geben, ob bei der Veränderung der Vorschubgeschwindigkeit nennenswerte Festigkeitsunterschiede der Briketts auftreten und welche Tendenz gegebenenfalls die Festigkeitsveränderung in Abhängigkeit von der Vorschubgeschwindigkeit bei den verschiedenen Preßdrücken hat. Die Druckfestigkeit der Briketts steigt mit Verringerung der Vorschubgeschwindigkeit nicht stetig (siehe Abb. 15),

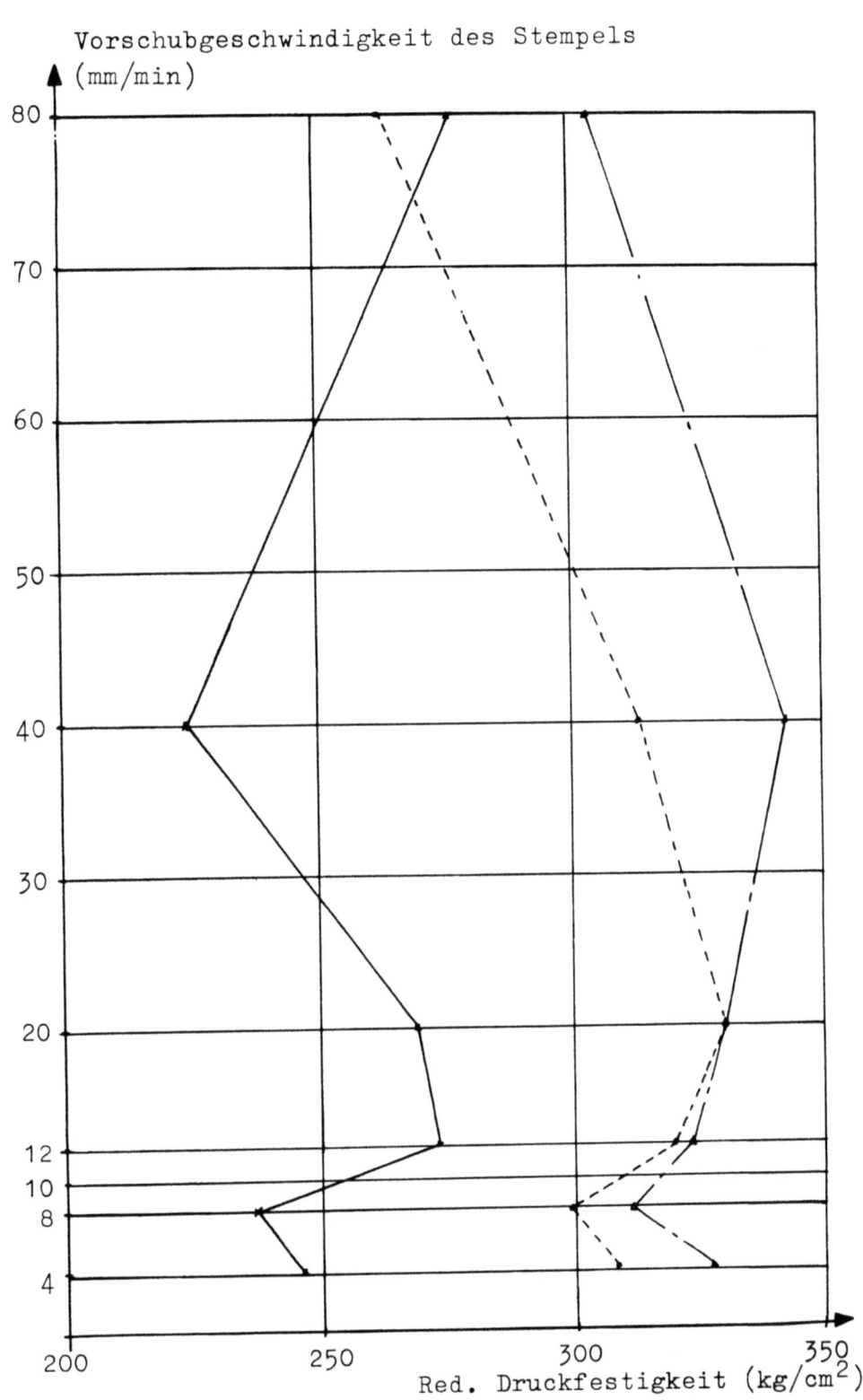

Abbildung 15

Fabriktrockenkohle der Korngröße 1-2 mm. Druckfestigkeit in Abhängigkeit von der Vorschubgeschwindigkeit des Stempels bei den Preßdrücken von 1000 kg/cm² ——, 2000 kg/cm² ---, 3000 kg/cm² —·—,

sondern fällt nach Erreichen eines Maximums wiederum ab. Die Druckfestigkeitsmaxima liegen bei 3000 kg/cm^2 Preßdruck bei 40 mm/min, bei 2000 kg/cm^2 bei 20 mm/min und bei 1000 kg/cm^2 bei 12 mm/min Vorschubgeschwindigkeit. Die maximale Druckfestigkeit wird also mit Erhöhung des Preßdruckes bei immer größeren Vorschubgeschwindigkeiten des Preßstempels erreicht. Die Festigkeit der bei einer Vorschubgeschwindigkeit von nur 4 mm/min gepreßten Briketts liegt bei allen drei Preßdrücken um 4-5 % höher als bei 8 mm/min Vorschubgeschwindigkeit. Während die Druckfestigkeiten der Briketts oberhalb des Maximums mit Erhöhung der Vorschubgeschwindigkeit des Stempels bei 2000 und 3000 kg/cm^2 Preßdruck stetig abnehmen, nimmt diese auffallenderweise bei 1000 kg/cm^2 Preßdruck bei 80 mm/min Vorschubgeschwindigkeit nochmals zu. Eine Erklärung für diesen speziellen Befund wie auch für den unstetigen Verlauf der Druckfestigkeitskurve, die in Abhängigkeit von der Vorschubgeschwindigkeit bei allen Preßdrücken aufgetragen ist, kann bisher noch nicht gegeben werden. Immerhin zeigen die Kurven, daß es durchaus richtig ist, im allgemeinen die Vorschubgeschwindigkeit mit 30 mm/min zu wählen, da dann sowohl bei 2000 als auch bei 3000 kg/cm^2 etwa das Festigkeitsmaximum erreicht wurde. Bei nur 1000 kg/cm^2 Preßdruck werden allerdings Druckfestigkeiten erreicht, die etwa 10 % unter dem Maximum liegen.

3.5 Veränderung der Einwaagemenge

Bislang wurde in den beschriebenen Versuchsreihen bei konstanter Einwaage von 40 g nur der Preßdruck verändert. Um festzustellen, welche Beziehungen zwischen der Brikettiergutmenge und den erzielten Druckfestigkeiten bestehen, wurden einige Versuchsreihen mit veränderter Brikettiergutmenge (Fabriktrockenkohle von 0-3 mm und etwa 19 % Wassergehalt) bei den Preßdrücken von 1000, 2000 und 3000 kg/cm^2 durchgeführt (Abb. 16). Dabei ergab sich, daß die Brikettfestigkeit bei unterschiedlicher Brikettiergutmenge und gleichem Preßdruck verschieden war. Diese zunächst auffallende Tatsache erklärt sich daraus, daß die von der Presse geleistete Arbeit mit wachsender Brikettiergutmenge derselben nicht proportional ist, sondern daß bei größeren Einwaagen das Produkt aus Kraft mal Weg (gleich Arbeit) stärker ansteigt als die Brikettiergutmenge. Durch Planimetrieren des aufgenommenen Kraft-Weg-Diagrammes ergab sich, daß die Änderungen der Brikettfestigkeiten etwa den Änderungen der um einen Reibungsbeiwert reduzierten aufgewendeten Arbeit proportional verlaufen. Aus Abbildung 16,

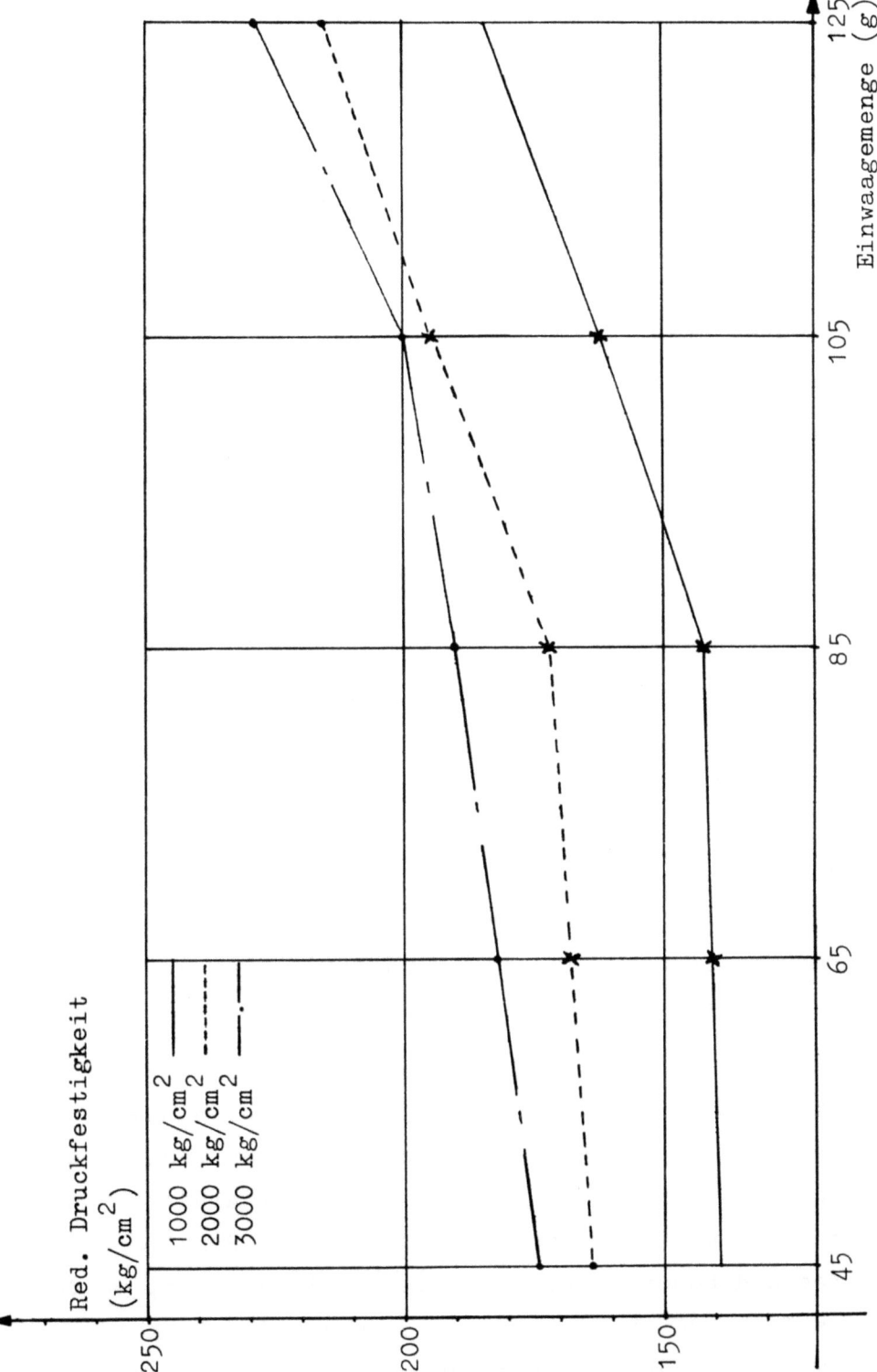

Abbildung 16

Fabriktrockenkohle. Reduzierte Druckfestigkeit in Abhängigkeit von der Einwaagemenge bei den Preßdrücken von

1000 kg/cm² ———— , 2000 kg/cm² -------- , 3000 kg/cm² —·—·—

die bei dem Preßdruck von 1000 bis 2000 und 3000 kg/cm² die reduzierte Druckfestigkeit in Abhängigkeit von der Einwaagemenge zeigt, ist ersichtlich, daß die Druckfestigkeit mit steigender Einwaagemenge zunimmt. Dabei ist die Erhöhung der Festigkeitssteigerung im Bereich von 45 bis 85 g Einwaage geringer als im Bereich von 85 bis 125 g Einwaage.

3.6 Druckfestigkeit von Briketts aus teilweise nachgetrockneter Fabriktrockenkohle in Abhängigkeit von der Lagerzeit

Während bei der normalen Versuchsdurchführung die Druckfestigkeit der Briketts etwa 15 Minuten nach ihrem Verpressen gemessen wurde, lag bei der vorliegenden Versuchsreihe eine Lagerzeit von 24 bzw. 48 Stunden zwischen Verpressung und Druckfestigkeitsmessung.

Während der Lagerzeit betrug die relative Luftfeuchtigkeit etwa 75 % und die Raumtemperatur etwa 16 °C. Die bei 1000 kg/cm² Preßdruck erhaltenen Versuchsbriketts zeigten nach 24 Stunden Lagerzeit eine durchschnittliche Festigkeitsminderung um 20 %. Bis 48 Stunden Lagerzeit erniedrigten sich die Druckfestigkeiten nicht weiter, sondern streuten um die nach 24 Stunden erhaltenen Werte. Bei 2000 kg/cm² Preßdruck (Abb. 17) ist die Festigkeitsverringerung bei den verschiedenen Wassergehalten sehr unterschiedlich. Beim hygroskopischen Punkt, welcher etwa zwischen 14 bis 15 % Wassergehalt liegt, beträgt die Festigkeitsminderung nach 24 bzw. 48 Stunden nur je 2 bis 3 %, während z.B. bei 19 % Wassergehalt die Festigkeitsabnahme zwischen 30 und 40 % liegt. Bei 5,5 und 14,4 % Wassergehalt fällt die Druckfestigkeit von 24 bis 48 Stunden Lagerzeit nur um etwa 3 %. Die stärkste relative Druckfestigkeitsminderung findet mit über 40 % in den ersten 24 Stunden bei Briketts von 5,5 % Wassergehalt statt.

Auf Grund der Versuchsergebnisse ergab sich zusammengefaßt folgendes: Die Festigkeitsminderung der Briketts infolge einer längeren Lagerzeit ist bei einem Wassergehalt in der Nähe des hygroskopischen Punktes am geringsten. Hohe Anfangsfestigkeiten der Briketts, die bei niedrigen optimalen Wassergehalten, also unterhalb des hygroskopischen Punktes der Kohle (15 %) und entsprechend hohen Preßdrücken zu erreichen sind, werden schon innerhalb eines Tages durch Spannungen innerhalb der Briketts, welche durch Quellung (Wasseraufnahme) verursacht werden, stark herabgesetzt. Bei den unterhalb des hygroskopischen Punktes bei höheren Preßdrücken von 2000 kg/cm² und mehr erhaltenen Preßlingen, die aus der feuchtigkeitsempfindlichen getrockneten Braunkohle hergestellt werden, ist also der

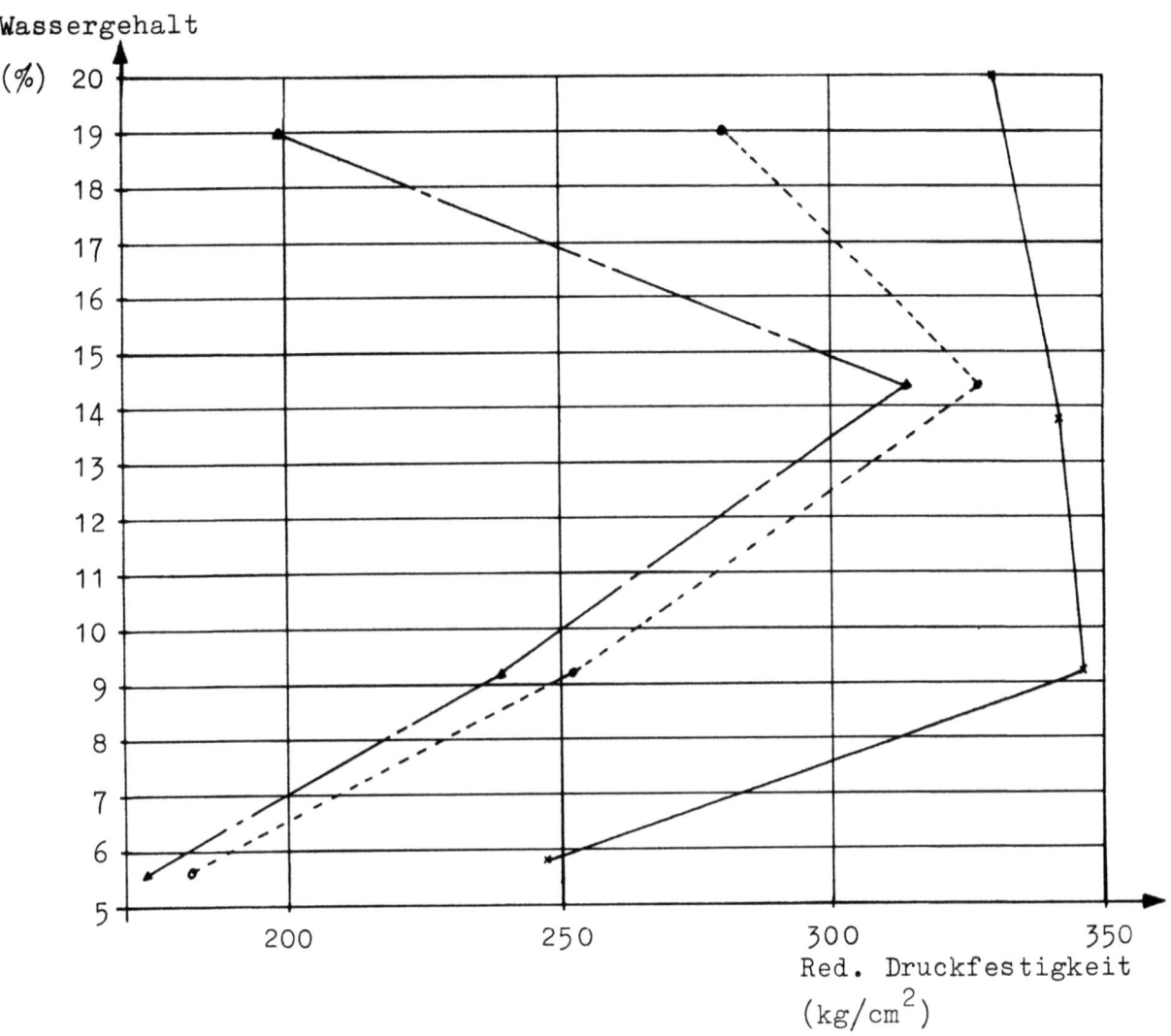

Abbildung 17

Nachgetrocknete unklassierte Fabriktrockenkohle. Red. Druckfestigkeit
in Abhängigkeit vom Wassergehalt bei einem Preßdruck von
2000 kg/cm² unter Veränderung der Lagerzeit

Lagerzeit: ; 24 Std. -----
15 min ——— ; 48 Std. -----

Energieaufwand für den höheren Preßdruck nicht wirtschaftlich und sinnvoll, wenn die Preßlinge dem Verbrauch nicht unmittelbar zugeführt werden.

4. Bindemittellose Braunkohlen-Erz-Brikettierung

4.0 Allgemeines

Um Aufschluß über die bindemittellose Brikettierfähigkeit von Zweistoffgemischen zu erhalten, wurden im Brikettierungslaboratorium der Technischen

Forschungsberichte des Wirtschafts- und Verkehrsministeriums Nordrhein-Westfalen

Hochschule Aachen Braunkohlen-Eisenerzgemische gepreßt und anschließend einer Festigkeitsprüfung unterzogen. Das Ziel dieser Untersuchungen war, Möllerbriketts mit Festigkeiten zu erhalten, die eine thermische Beanspruchung, wie sie im Niederschachtofen vorliegt, formbeständig überstehen.

4.1 Rohstoffbeschaffenheit und Versuchsanordnung

Als Braunkohle standen Fabriktrockenkohle und Rohkohle der Biag-Zukunft zur Verfügung. In das Untersuchungsprogramm wurden 5 verschiedene Eisenerze aufgenommen, von denen drei Aufbereitungserzeugnisse von der Erzbergbau Siegerland A.G. zur Verfügung gestellt wurden. Es waren dies: Ein Rohspatschlamm (Fe- und Mn-Gehalt: 30 %; Korngröße: unter 0,5 mm), der als Abgang bei der naßmechanischen Aufbereitung anfällt, ein Feinrohspat (Fe- und Mn-Gehalt: 44 %; Korngröße: 0-1 mm), welcher als Setzkonzentrat in der Aufbereitung gewonnen, und ein Rostspatstaub (Fe- und Mn-Gehalt: 53 %; Korngröße: unter 0,15 mm), der als Sichterstaub bei der Röstung des Rohspates in den Siegerländer Röstöfen abgezogen wird.

Als 4. Erz wurde ein Brauneisenerz (Doggererz) in Form eines Magnetkonzentrates der Grube Kahlenberg/Baden der Barbara-Erzbergbau A.G. herangezogen (Fe-Gehalt 33-34 %; Korngröße: 0-1 mm).

Schließlich wurde als 5. Eisenerz noch ein Magnetitschlich von Sydvaranger/Schweden untersucht (Fe-Gehalt: 60,8 %; Korngröße: 0-0,25 mm).

Sowohl die Pressung als auch die Druckfestigkeitsprüfung der Möllerbriketts wurde auf der hydraulischen Presse der Firma Losenhausen durchgeführt, wobei Vorschubgeschwindigkeit des Stempels, Höchstdruckdauer und Einwaagemenge nicht verändert wurden. Neben der Druckfestigkeit wurden zu drei verschiedenen Zeiten (unmittelbar nach Erreichen des Höchstdruckes noch im Formzeug, also indirekt, nach Ausstoß des Briketts und kurz vor der Druckfestigkeitsmessung) die jeweiligen Steinstärken gemessen und aus diesen die I. Expansion der Briketts errechnet. Außerdem wurde bei verschiedenen Versuchen auch noch die Trommelfestigkeit der Briketts in einer Laboratoriumstrommel ermittelt.

Der Preßdruck wurde für 2 Versuchsreihen zu 1000, 2000 und 3000 kg/cm^2 gewählt. Nachdem sich durch Vergleichsversuche mit betrieblich erzeugten Briketts herausgestellt hatte, daß mit Strangpressenbriketts vergleichbare Festigkeiten bei der Laboratoriumsverpressung nur bei 2000 oder

3000 kg/cm^2 Preßdruck zu erreichen sind, wurden Versuche mit 1000 kg/cm^2 Preßdruck nicht mehr durchgeführt.

4.2 Versuchsdurchführung

4.20 Veränderung der prozentualen Erzanteile

In einer verhüttungstechnischen Betrachtung wurde festgestellt, daß bei der Verhüttung etwa 1,46 t Trockenbraunkohle mit etwa 15 % Wasser notwendig sind, um 1 t Roheisen zu erschmelzen. Der geringere Kohlenstoffgehalt der Braunkohle reicht dabei gut aus, um die Reduktion der Erze durchzuführen. Zur Erlangung des notwendigen Basengrades der Schlacken müßten den Erzen z.T. beträchtliche Mengen an Kalk zugegeben werden, so daß eine Einzelverhüttung des Rohspatschlammes und u.U. auch des Rohspatstaubes wirtschaftlich zweifelhaft erscheint. Mit Rücksicht auf die Zuschlagmengen ergibt sich der notwendige Braunkohlenanteil in den Möllerbriketts zu 50-60 %.

Die Veränderung der untersuchten Eigenschaften durch verschieden große Erzzugaben wurde mit Feinrohspat, Rohspatschlamm, Doggererz und Magnetitschlich untersucht. Bei den drei erstgenannten Erzen verlief im untersuchten Bereich von 0-60 oder 70 % Erzbeigabe die Beziehung zwischen Erzzugabe und Briketteigenschaften folgendermaßen (Abb. 18 und 19):

Die Druckfestigkeiten nahmen etwa linear mit der Erhöhung des Erzanteils ab. Die Festigkeitsminderung ist bei den mit 2000 kg/cm^2 Preßdruck erzeugten Möllerbriketts stärker als bei den mit 3000 kg/cm^2 Druck hergestellten Briketts. Die Steinstärken erniedrigen sich ebenfalls etwa linear mit der Vergrößerung der Erzzugabe. Die Expansion der Preßlinge steht, wenn man die bei verschiedenen Erzanteilen gemessenen Werte betrachtet, in einem funktionellen Zusammenhang mit der Druckfestigkeit: Je geringer mit Erhöhung des Erzanteils die Expansionsabnahme ist, umso mehr nimmt auch die Druckfestigkeit ab.

Es ist nicht zu erwarten, daß über den untersuchten Bereich hinaus die Druckfestigkeitskurven gradlinig laufen, da die Festigkeiten der bindemittellos verpreßten reinen Erzbriketts keine namhafte Festigkeit aufweisen und schon im Formzeug zerfallen. Vielmehr fällt die Festigkeit der Möllerbriketts von einem von der Erzbeschaffenheit abhängigen Gewichtsanteil steil ab.

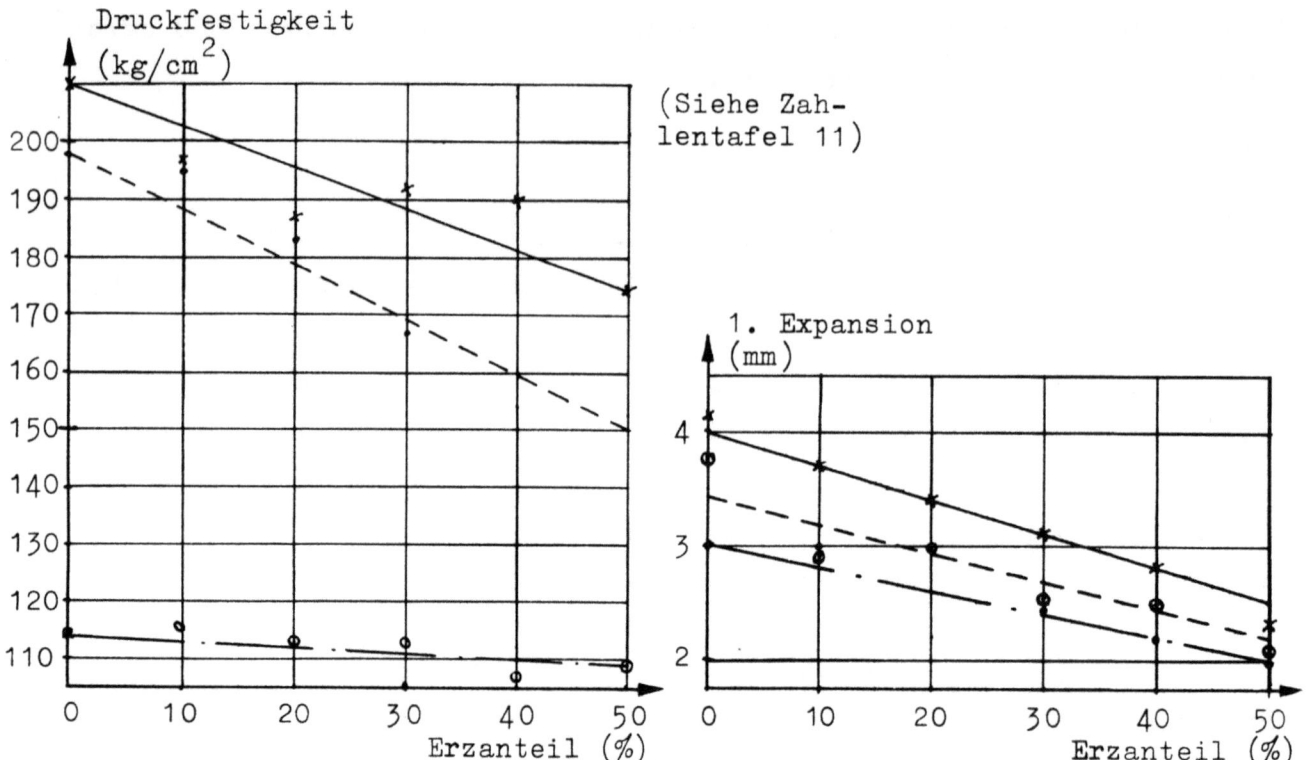

Abbildung 18
Druckfestigkeit in Abhängigkeit vom Feinrohspatanteil bei den Preßdrücken von
1000 kg/cm² —·—·— , 2000 kg/cm² -----,
3000 kg/cm² ———

Abbildung 19
1. Expansion in Abhängigkeit vom Feinrohspatanteil bei den Preßdrücken von
1000 kg/cm² —·—·— , 2000 kg/cm² -----,
3000 kg/cm² ———

Bei den Versuchen mit Magnetitschlich wurde dieser Abfall bereits zwischen 60-70 % Erz erreicht. In Steinstärke und Expansion spiegelt sich dieser Zusammenbruch der Festigkeit nicht wieder (Abb. 20).

4.21 Einfluß der Korngröße auf die Festigkeit des Brikettiergutes

Zur Untersuchung des Einflusses der verwendeten Korngröße der Braunkohle wurde mit verschiedenen Magnetitschlichanteilen Fabriktrockenkohle der Korngröße 0-1 mm und 0-3 mm verpreßt. Bei Erzanteilen unter 50 % lag sowohl bei 2000 als auch bei 3000 kg/cm² Preßdruck die Druckfestigkeit der mit Grobkorn erzeugten Möllerbriketts höher. Mit zunehmendem Erzanteil wiesen aber die Briketts aus grober Kohle eine größere Festigkeitsminderung auf als die aus Braunkohle von 0-1 mm, so daß die Druckfestigkeiten bei über 50 % Erzanteil bei gröberer Kohle unter denen der mit Feinkorn erzeugten Möllerbriketts lagen (Abb. 21).

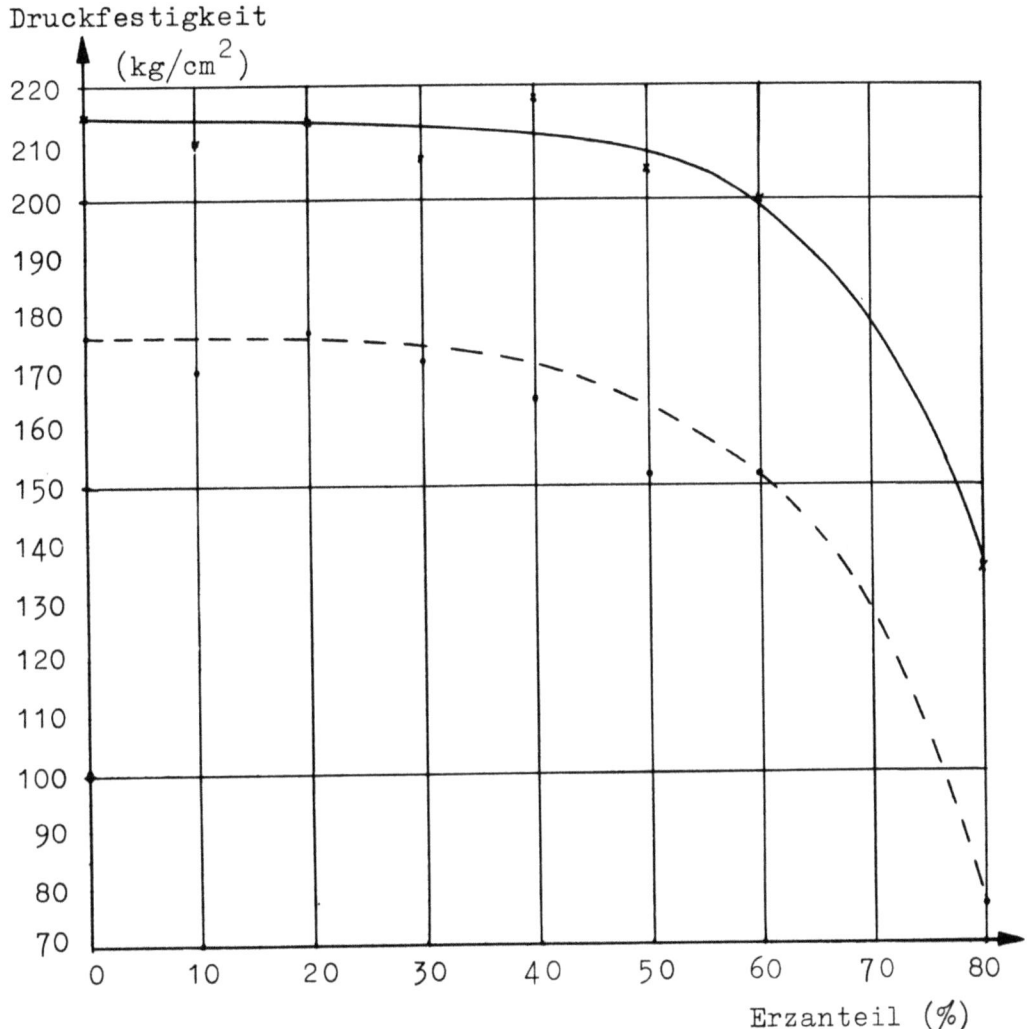

Abbildung 20

Druckfestigkeit in Abhängigkeit vom Magnetitschlichanteil bei der Verwendung von Fabriktrockenkohle$_{II}$ der Korngröße 0-1 mm für die Preßdrücke von 2000 kg/cm^2 ------ und 3000 kg/cm^2 ———

Diese große Festigkeitsminderung bei Grobkornbriketts findet sich auch bei den entsprechenden Trommelfestigkeitskurven wieder. Selbst die Trommelfestigkeiten der mit geringem Erzanteil (unter 50 %) erzeugten Möllerbriketts liegen immer unterhalb denen der Feinkornbriketts (Abb. 22 u. 23). Daraus kann geschlossen werden, daß durch Vergrößerung der Kohlenkorngröße die Möllerbriketts abriebempfindlicher werden.

Zur Klärung des Einflusses der Erzkorngröße auf die Brikettierfähigkeit von Möllerbriketts wurde das gröbste vorliegende Erz, der Feinrohspat, (100 % unter 1,0 mm; 0,5 % unter 0,06 mm) in einer Laboratoriumskugelmühle nachzerkleinert (100 % unter 0,5 mm; 27 % unter 0,06 mm). Durch die

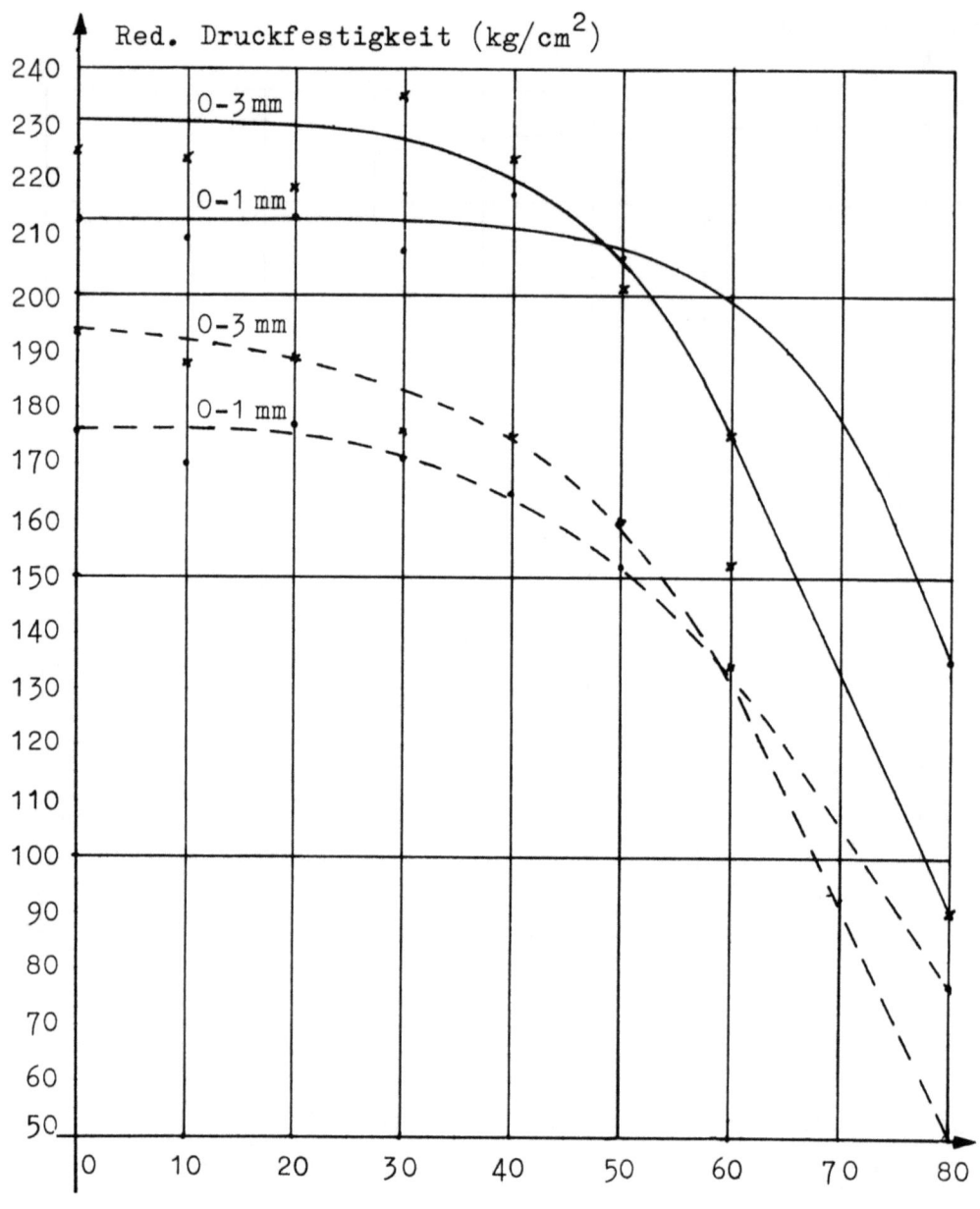

Abbildung 21

Druckfestigkeit in Abhängigkeit vom Magnetitschlichanteil

Gegenüberstellung der Ergebnisse, die unter Verwendung von

Fabriktrockenkohle$_{II}$ der Korngröße 0-1 mm und 0-3 mm erzielt wurden

Preßdruck: 2000 kg/cm^2 ----- ;

Preßdruck: 3000 kg/cm^2 ———

Verringerung der Korngröße des Erzes trat eine Druckfestigkeitsminderung der Möllerbriketts um etwa 5-10 % ein, was mit einer Steinstärkenerhöhung parallel lief (Abb. 24).

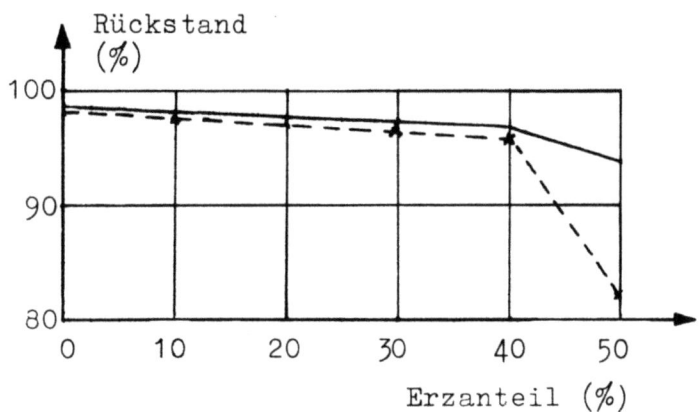

Abbildung 22

Gegenüberstellung der Trommelfestigkeiten von Möllerbriketts in Abhängigkeit vom Magnetitschlichanteil, die bei 3000 kg/cm^2 Preßdruck hergestellt wurden unter Verwendung von

——————— Fabriktrockenkohle$_{II}$ der Korngröße 0-1 mm

————— Fabriktrockenkohle$_{II}$ der Korngröße 0-3 mm

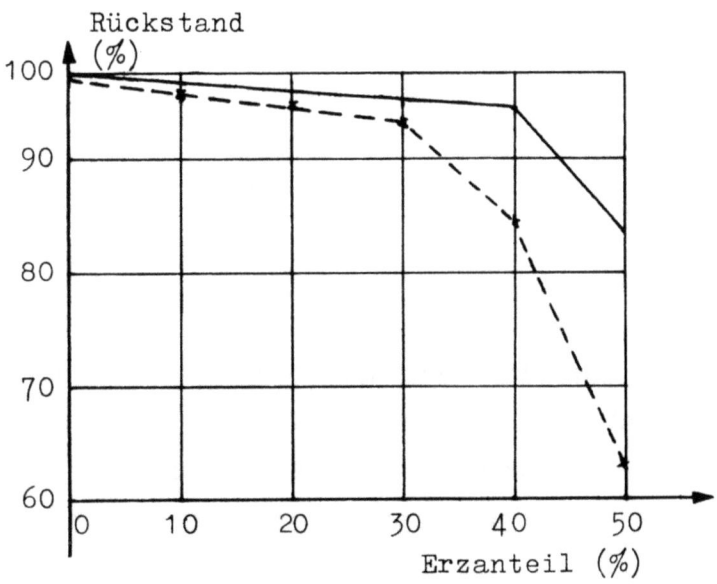

Abbildung 23

Gegenüberstellung der Trommelfestigkeiten von Möllerbriketts in Abhängigkeit vom Magnetitschlichanteil, die bei 2000 kg/cm^2 Preßdruck hergestellt wurden unter Verwendung von

——————— Fabriktrockenkohle$_{II}$ der Korngröße 0-1 mm

————— Fabriktrockenkohle$_{II}$ der Korngröße 0-3 mm

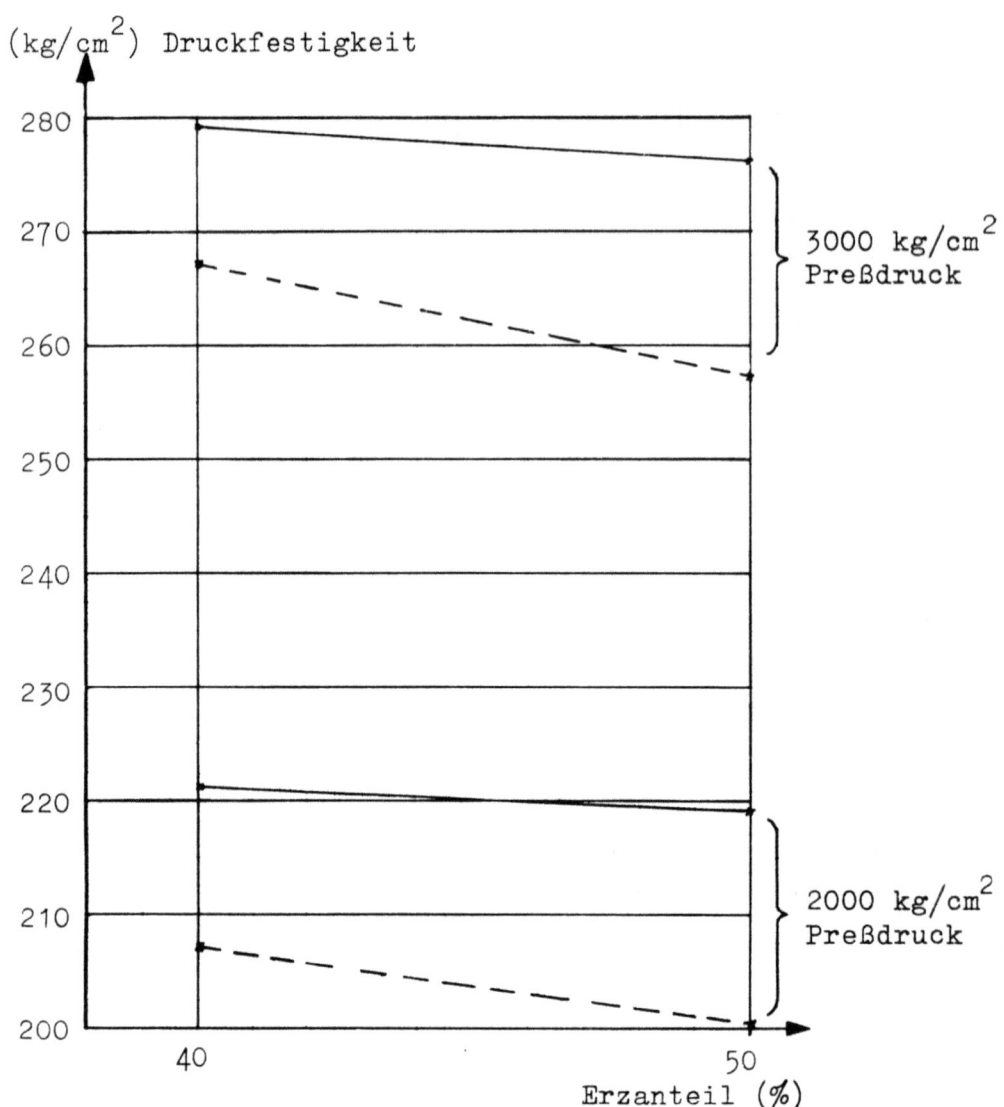

Abbildung 24

Gegenüberstellung der Druckfestigkeiten von Möllerbriketts, die mit Feinrohspatzugaben verschiedener Korngröße hergestellt wurden

——— Feinrohspat in Normalkörnung

– – – Nachzerkleinerter Feinrohspat

Für alle fünf Erze wurde zwischen 0-70 % Erzanteil die Trommelfestigkeit bei 2000 und 3000 kg/cm^2 Preßdruck bestimmt. Die so ermittelten Festigkeitswerte erniedrigen sich im Bereich von 0-50 % oder 60 % Erzanteil nur sehr wenig, um dann steil abzufallen. Dieser Abfall tritt auch wie bei der Druckfestigkeitsmessung beim Magnetitschlich am ehesten ein. Während die Möllerbriketts vor diesem erwähnten Abfall bei der Trommelung formbeständig bleiben, werden sie bei höheren Erzanteilen durch die Reibungs- und Sturzbeanspruchung stark zerkleinert (Abb. 25).

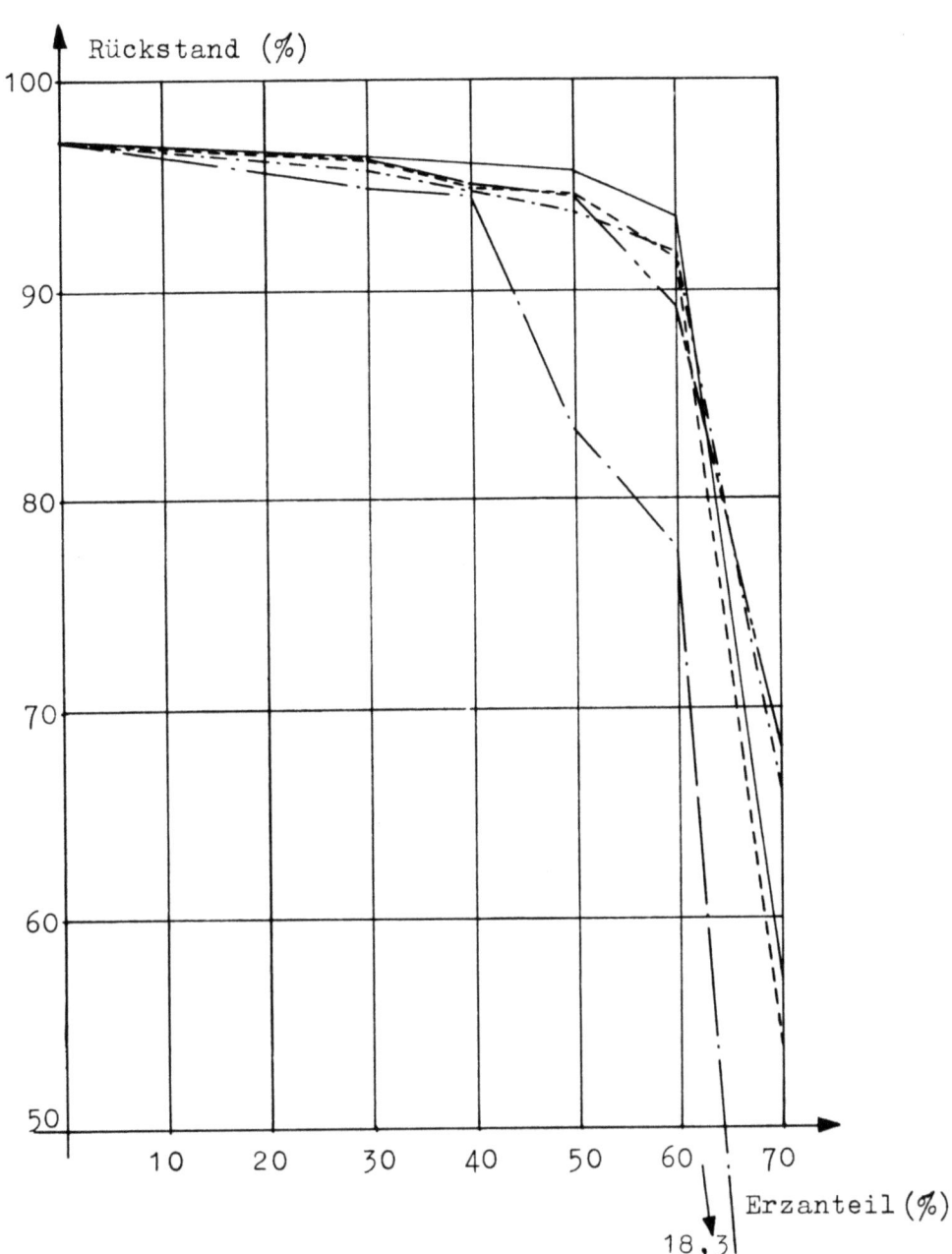

Abbildung 25

Trommelfestigkeiten der mit verschiedenartigen Erzzugaben erzeugten Möllerbriketts in Abhängigkeit von der Höhe des Erzanteils bei einem Preßdruck von 2000 kg/cm^2

———— Feinrohspat;   — — — — Rostspatstaub

—··—··— Rohspatschlamm;   —···—···— Doggererz

————·———— Magnetitschlich

Bei genauer Einhaltung der Höchstdruckdauer wurden mit den fünf verschiedenen Erzen bei 40 und 50 % Erzanteil unter 2000 und 3000 kg/cm^2 Preßdruck Vergleichsversuche zur Prüfung der Abhängigkeit der Brikettierfähigkeit von der Erzart durchgeführt.

Die höchsten Druckfestigkeiten wurden bei Möllerbriketts mit Feinrohspat erreicht. Bei seiner Verwendung trat zwischen 40 und 50 % Erzanteil die geringste Festigkeitsminderung mit nur 1 % auf. Bei den übrigen Erzen war die Verringerung der Druckfestigkeit durch Erhöhung des Erzanteils bedeutend größer. Die zweithöchste Druckfestigkeit wies der Magnetitschlich auf. Dann folgten die Möllerbriketts mit Rostspatstaub-, Rohspatschlamm- und Doggererzzugabe, die mit nur etwa 5 % Unterschied beieinander lagen.

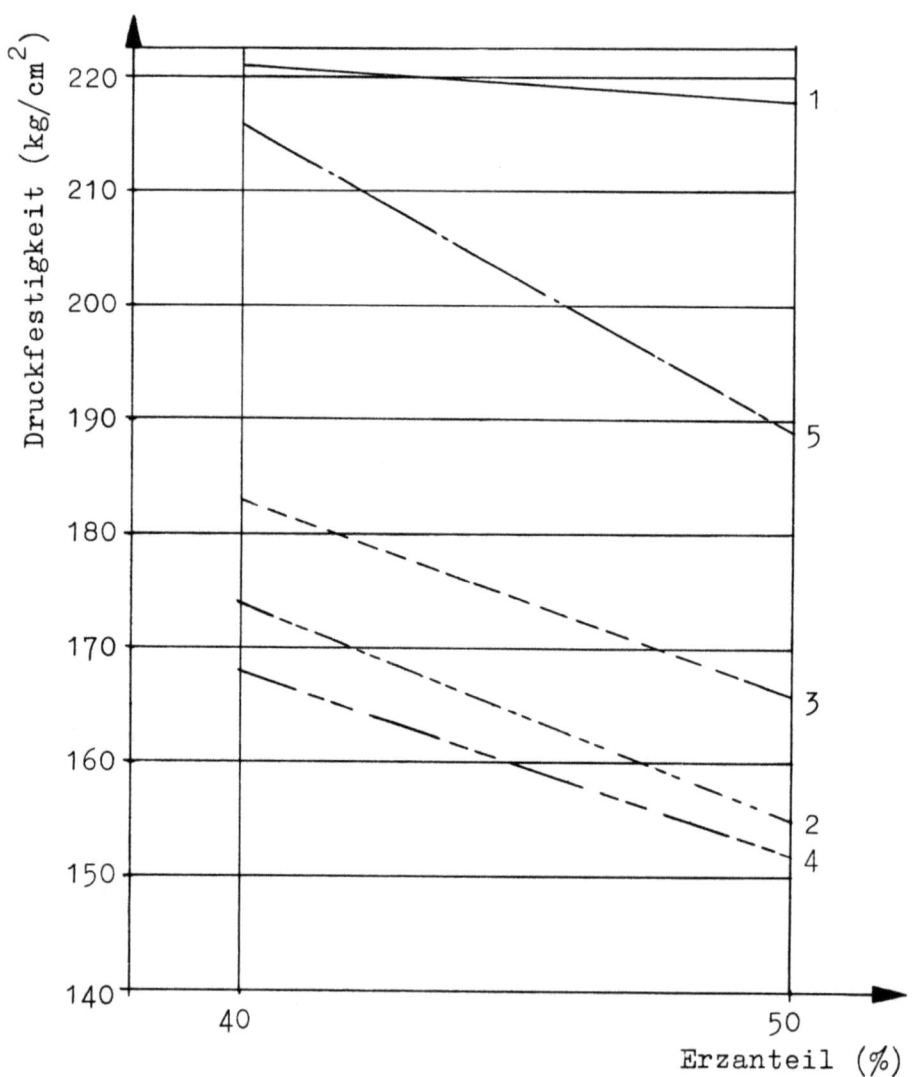

A b b i l d u n g 26

Vergleich der bei Möllerbriketts mit 40 - und - 50 prozentigen verschiedenartigen Erzzugaben erzielten Druckfestigkeiten bei einem Preßdruck von 2000 kg/cm^2

1 ——————— Feinrohspat,   4 ————— Doggererz,
2 ——–——– Rohspatschlamm,   5 ——–——– Magnetitschlich
3 — — — — Rostspatstaub,

Diese Reihenfolge ergab sich sowohl bei Veränderung des Preßdruckes als auch des Erzanteiles (Abb. 26).

Allgemein kann gesagt werden, daß die Festigkeit eines Möllerbriketts mit Erhöhung des spezifischen Gewichtes des Erzes steigt. Dies ist verständlich, da selbst bei gewichtsgleicher Zumischung von Erz der volumenmäßige Anteil der Kohle mit Vergrößerung des spezifischen Gewichtes des Erzes steigt. Dadurch wird das die Erzkörner umhüllende Kohlengerüst und damit die Festigkeit der Möllerbriketts stärker. Außer dem spezifischen Gewicht beeinflußt auch die Korngröße des Erzes die Festigkeit der Möllerbriketts. Ein sehr feines Erz ruft eine stärkere Schwächung des Gefüges hervor als ein gröberes Erz gleichen spezifischen Gewichtes. Dadurch ist auch die bevorzugte Stellung des Feinrohspates (vor dem Magnetitschlich) begründet.

4.22 Festigkeit der Möllerbriketts in Abhängigkeit vom Wassergehalt

Um festzustellen, inwieweit die Festigkeit der Möllerbriketts vom Wassergehalt der Braunkohle abhängig ist, wurden Briketts mit 50 % Rohspatschlamm oder Rostspatstaub hergestellt, wobei der Wassergehalt der Braunkohle zwischen 0,4 - 18,0 % bzw. 3,0 - 25,6 % verändert wurde. Die Erze waren vollkommen wasserfrei. Es stellte sich heraus, daß der optimale Wassergehalt wie bei der reinen Braunkohlenbrikettierung für 2000 kg/cm^2 bei 12 % und für 3000 kg/cm^2 bei 9 % Kohlenwassergehalt liegt (Abb. 27). Der optimale Wassergehalt wird also durch den Erzanteil nicht beeinflußt. Weiter ergab sich auf Grund der gegenüber Briketts aus reiner Braunkohle hohen Festigkeiten, die mit stark entwässertem Brikettgut durchgeführt wurden, daß bei der Verfestigung der Möllerbriketts die Kohäsionsbindungskräfte gegenüber den Adhäsionskräften stärker als bei der reinen Braunkohlenverpressung beteiligt sind.

Aus den entsprechenden Trommelfestigkeitskurven, in welchen bei Veränderung des Wassergehaltes bedeutend geringere Festigkeitsunterschiede auftreten, konnte der optimale Bereich nur sehr ungenau ermittelt werden. Ein Vergleich der Druck- und Trommelfestigkeiten zeigt aber, daß oberhalb des optimalen Wassergehaltes die Möllerbriketts bedeutend mehr abrieb- als druckempfindlich sind (Abb. 28).

Die Expansionen verhalten sich wie bei der Braunkohlenbrikettierung etwa umgekehrt proportional zur Druckfestigkeit, d.h., bei der größten Druckfestigkeit beim optimalen Wassergehalt stellt sich auch die geringste

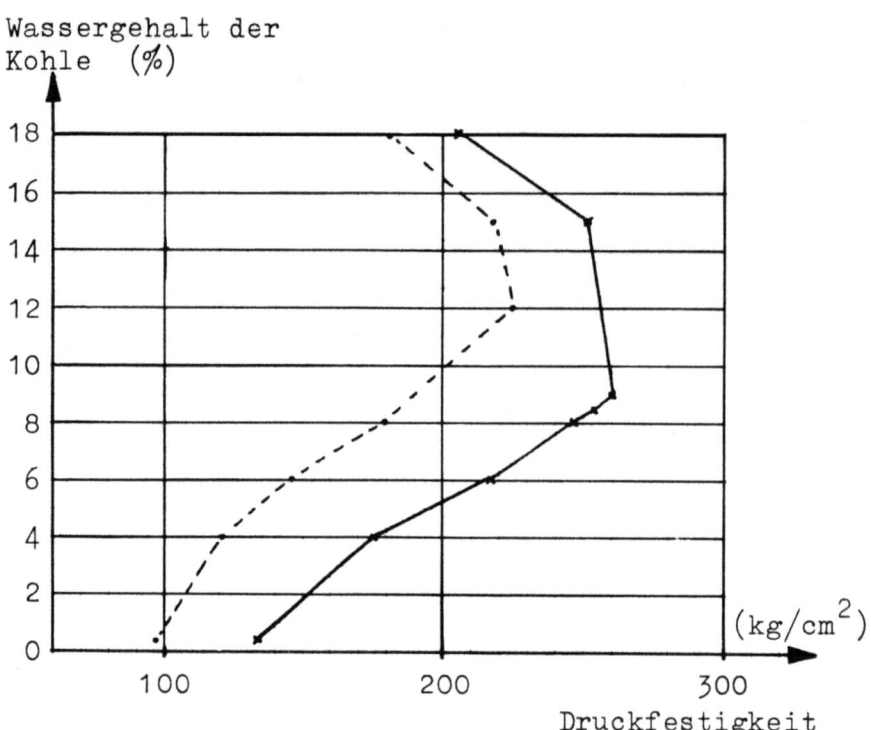

Abbildung 27

Druckfestigkeit in Abhängigkeit vom Kohlen-Wassergehalt der
Möllerbriketts aus Fabriktrockenkohle$_I$ und 50 % Rostspatstaubanteil

2000 kg/cm^2 Preßdruck --------

3000 kg/cm^2 Preßdruck ————

Expansion ein. Die indirekt bei der Verpressung gemessene Steinstärke h_1, fällt mit Erhöhung des Wassergehaltes im untersuchten Bereich etwa linear ab. Dies weist darauf hin, daß mit Abnahme des Wassergehaltes das Kohlenkorn härter, die Reibung beim Verpressen größer und damit auch die Verdichtungsmöglichkeit geringer wird.

5. Zusammenfassung

Zu Beginn der Untersuchungen über die Möglichkeiten zur Erzeugung eines Möllerbriketts zum Zwecke der Schwelverhüttung stellte sich heraus, daß die bisher üblichen Gütebestimmungsverfahren keinen eindeutigen Gütevergleich von Briketts verschiedener Steinstärke und unterschiedlichen Formats gestatten. In planmäßigen Untersuchungen wurden die zweckmäßigsten Verfahren und die Prüfanordnungen festgelegt.

Die Anwendung der Biegefestigkeitsmessung wurde verworfen, weil die im Brikettierungslaboratorium und in der Praxis üblichen Brikettformate eine Anwendung der "Biegefestigkeitsformel" ausschließen (s. 2.1).

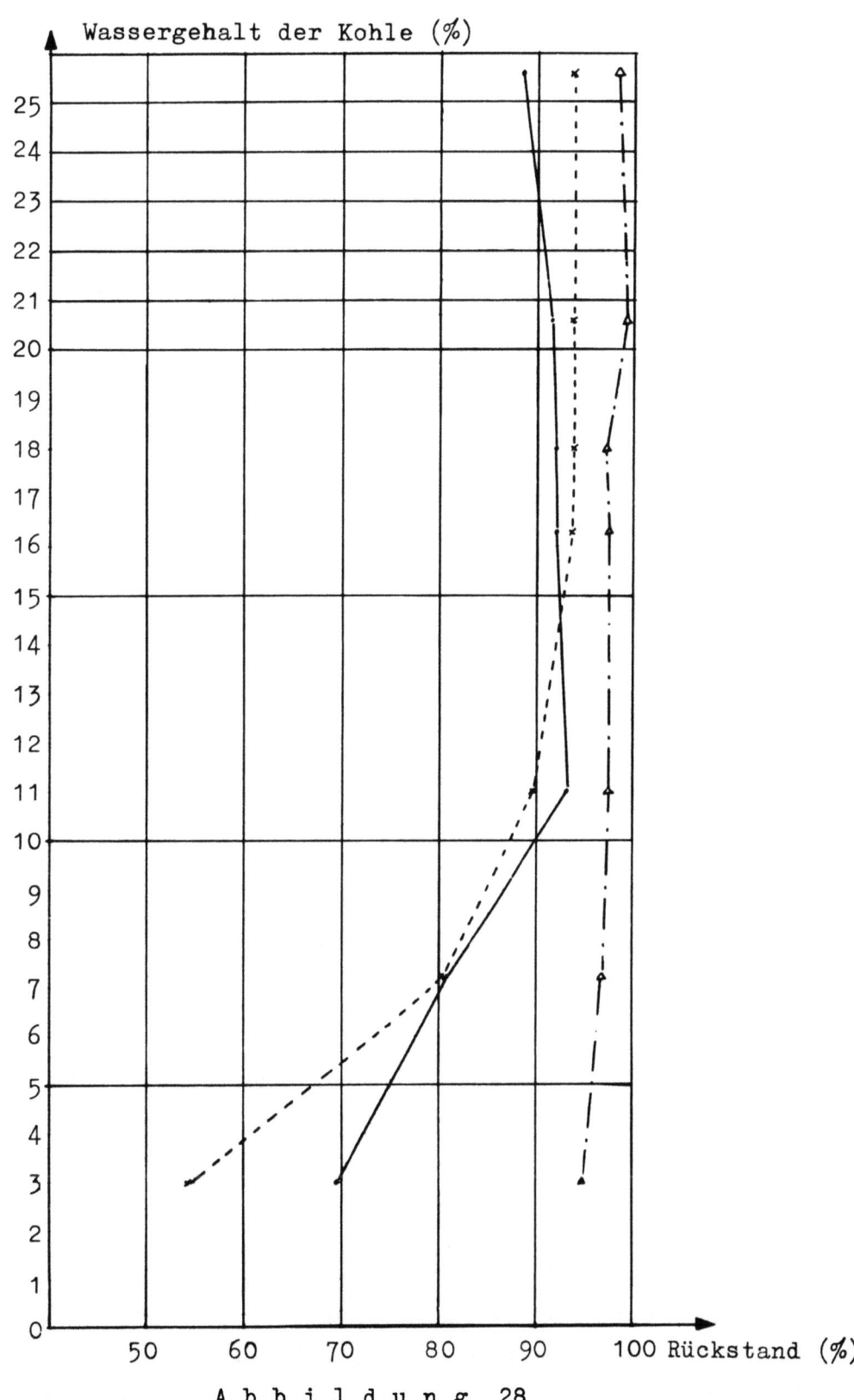

A b b i l d u n g 28

Trommelrückstand in Abhängigkeit vom Kohlen-Wassergehalt für 2000 kg/cm^2 Preßdruck. Fabriktrockenkohle$_I$ —————

FTK$_I$ u. 50 % Rohspatschlamm ———— FTK$_I$ u. 50 % Rostspatstaub ———

Dagegen erwies sich die Scherfestigkeit, welche mit der gleichen Apparatur ermittelt werden kann, als hinreichend gutes Gütemerkmal (s. 2.2).

Am besten wird bei der Druckfestigkeitsmessung der einachsige Spannungszustand erreicht. Die gemessenen Werte sind jedoch nach einer näher erläuterten Formel auf eine Vergleichssteinstärke zu reduzieren. Näher begründet wurde die Forderung nach einem Prüfstempel von 3 cm Durchmesser und der Vorschubgeschwindigkeit von 8 mm/min (s. 2.3).

Der Ermittlung des Raumgewichtes wird nur dann Bedeutung beigemessen, wenn sie bei Briketts gleicher Brikettiergutbeschaffenheit und in Anlehnung an ein "echtes" Gütebestimmungsverfahren Verwendung findet (s. 2.4).

Besondere Bedeutung zur Beurteilung der Ofen- und Feuerstandsfestigkeit gewinnt die Messung der Trommelfestigkeit, bei welcher neben statischen auch dynamische Beanspruchungen Einfluß nehmen. Ergänzende Untersuchungen über die Möglichkeiten zur Erlangung eines optimalen Abriebs sind z.Zt. noch im Gange (s. 2.5).

In weiteren Versuchsreihen wurde die Veränderung der Brikettgüte in Abhängigkeit von verschiedenen Brikettierfaktoren untersucht.

Der optimale Wassergehalt wurde für 1000, 2000 und 3000 kg/cm^2 Preßdruck ermittelt (s. 3.1).

Bei Veränderung des Preßdruckes zeigten Briketts aus Braunkohle gleichen Wassergehaltes mit Erhöhung des Preßdruckes immer geringere Festigkeitssteigerungen, was durch das unterschiedliche Verhältnis von Gesamtarbeit zur Nutzarbeit zu erklären ist (s. 3.2).

Auch die Höchstdruckdauer nimmt auf die Brikettqualität Einfluß. Auf Grund der Versuchsergebnisse muß eine sofortige Druckentlastung angestrebt werden (s. 3.3).

Die günstigste Vorschubgeschwindigkeit für das Pressen von Laboratoriumsbriketts ergab sich mit 30 mm/min (s. 3.4).

Um den Arbeitsaufwand bei der Brikettierung vergleichbar zu machen, ist die Einwaagemenge konstant zu halten (s. 3.5). Auf Grund der sich ergebenden Druckfestigkeitsminderung nach 24 und 48 Stunden Lagerzeit kann gesagt werden, daß bei einer evtl. notwendigen Lagerung der Möllerbriketts diese bei einem optimalen Wassergehalt brikettiert werden müssen, welcher dem hygroskopischen Punkt möglichst entspricht. Andernfalls sind die Festigkeitsverluste der Briketts nicht annehmbar.

Um Aufschluß über die bindemittellose Brikettierfähigkeit von Zweistoffgemischen zu erhalten, wurden bei weiteren Versuchen 5 verschiedene Erze der Braunkohle zugesetzt. Mit Erhöhung des Erzanteils fällt die Festigkeit der Briketts im fraglichen Bereich (bis 60 %) etwa linear geringfügig ab (s. 4.20). Die absolute Höhe der Festigkeit von Möllerbriketts wurde bei gleichen Brikettierbedingungen vornehmlich als Funktion des spez. Gewichtes und der Korngröße des Erzes erkannt. Mit Erhöhung der Kohlenkorngröße steigt die Abriebempfindlichkeit der Möllerbriketts (s. 4.21).

Umfangreiche Versuche klärten die Wassergehaltsabhängigkeit der Festigkeit von Möllerbriketts. Der optimale Wassergehalt richtet sich nicht nach dem Gesamt-, sondern nur nach dem Kohlenwassergehalt.

Oberhalb des optimalen Bereiches werden die Möllerbriketts in zunehmendem Maße abriebempfindlich (s. 4.22).

Zur Zeit sind im Brikettierungslaboratorium der Technischen Hochschule Aachen Versuche im Gange, welche die Ofenstandsfestigkeit der Zweistoffbriketts oder sogar von Dreistoffbriketts (Braunkohle, Erz und Zuschläge) klären sollen.

6. Schlußbetrachtung

Die bisherigen Untersuchungen haben ergeben, daß bei der Zumischung von etwa 50 oder 60 % Erz, welche etwa im verhüttungstechnisch erforderlichen Bereich liegt, die Möllerbriketts im Vergleich zum reinen Braunkohlenbrikett nur geringe Festigkeitsminderungen (Druck- und Abriebfestigkeit) erfahren. Sie sind also den mechanischen Beanspruchungen wie Lagerung, Schüttung und Beförderung gewachsen. Inwieweit diese Festigkeit bei einer thermischen Beanspruchung, der sie im Niederschachtofen ausgesetzt werden sollen, bestehen bleibt, müssen weitere Untersuchungen ergeben.

Prof. Dr.-Ing. habil. Wilhelm PETERSEN, Aachen
Dipl.-Ing. Siegfried WAWROSCHEK, Aachen

7. Literaturverzeichnis

(1) WEBER — Stoffwirtschaftliche Erfahrungen und Vorschläge zur Schwelung oder Hydrierung von Steinkohlen sowie zur Verhüttung feinkörniger Eisenerze (unveröffentlicht)

(2) DOMKE, K. — Untersuchungen von Braunkohlenbriketts auf Bruchfestigkeit, Braunkohlenarchiv, Heft 9 (1925), S. 107-116, Verlag W. Knapp, Halle

(3) — siehe l.c. unter (2), S. 109

(4) VOLLMAIER — Genauigkeit und Vergleichsfähigkeit der üblichen Festigkeitsuntersuchungen an Braunkohlenbriketts. Braunkohle 1940, S. 426-417

(5) — siehe l.c. unter (4), S. 425

(6) RAMMLER und METZNER — Über Beziehungen zwischen Steinstärke, Brikettfestigkeit und Preßdruck. Freiberger Forschungshefte, Reihe A, Heft 13 (1953), S. 36-43

(7) VOLLMAIER — siehe l.c. unter (4), S. 427

(8) RAMMLER und METZNER — siehe l.c. unter (6), S. 37

(9) — siehe l.c. unter (6), S. 37

(10) VOLLMAIER — siehe l.c. unter (4), S. 425

(11) PETERSEN — Untersuchungen über die Festigkeitseigenschaften von Braunkohlenbriketts verschiedener Steinstärken und Vorschläge für eine Normung der Verfahren für ihre Festigkeitsprüfung. Braunkohle 1955, S. 85-101

(12) RAMMLER und METZNER — Vergleichende Abriebbestimmungen von Braunkohlenbriketts und Braunkohlenschwelkoks mit verschiedenen Abriebtrommeln. Freiberger Forschungsheft A 32, S. 5-56 (1955)

FORSCHUNGSBERICHTE DES WIRTSCHAFTS- UND VERKEHRSMINISTERIUMS NORDRHEIN-WESTFALEN

Herausgegeben von Staatssekretär Prof. Leo Brandt

HEFT 1
Prof. Dr.-Ing. E. Flegler, Aachen
Untersuchungen oxydischer Ferromagnet-Werkstoffe
1952, 20 Seiten, DM 6,75

HEFT 2
Prof. Dr. W. Fuchs, Aachen
Untersuchungen über absatzfreie Teeröle
1952, 32 Seiten, 5 Abb., 6 Tabellen, DM 10,—

HEFT 3
Techn.-Wissenschaftl. Büro für die Bastfaserindustrie, Bielefeld
Untersuchungsarbeiten zur Verbesserung des Leinenwebstuhls
1952, 44 Seiten, 7 Abb., 3 Tabellen, DM 12,50

HEFT 4
Prof. Dr. E. A. Müller und Dipl.-Ing. H. Spitzer, Dortmund
Untersuchungen über die Hitzebelastung in Hüttebetrieben
1952, 28 Seiten, 5 Abb., 1 Tabelle, DM 9,—

HEFT 5
Dipl.-Ing. W. Fister, Aachen
Prüfstand der Turbinenuntersuchungen
1952, 40 Seiten, 30 Abb., 3 Schaltbilder, DM 1,—

HEFT 6
Prof. Dr. W. Fuchs, Aachen
Untersuchungen über die Zusammensetzung und Verwendbarkeit von Schwelteerfraktionen
1952, 36 Seiten, DM 10.50

HEFT 7
Prof. Dr. W. Fuchs, Aachen
Untersuchungen über emsländisches Petrolatum
1952, 36 Seiten, 1 Abb., 17 Tabellen, DM 10,50

HEFT 8
M. E. Meffert und H. Stratmann, Essen
Algen-Großkulturen im Sommer 1951
1953, 52 Seiten, 4 Abb., 20 Tabellen, DM 9,75

HEFT 9
Techn.-Wissenschaftl. Büro für die Bastfaserindustrie, Bielefeld
Untersuchungen über die zweckmäßige Wicklungsart von Leinengarnkreuzspulen unter Berücksichtigung der Anwendung hoher Geschwindigkeiten des Garnes
Vorversuche für Zetteln und Schären von Leinengarnen auf Hochleistungsmaschinen
1952, 48 Seiten, 7 Abb., 7 Tabellen, DM 9,25

HEFT 10
Prof. Dr. W. Vogel, Köln
„Das Streifenpaar" als neues System zur mechanischen Vergrößerung kleiner Verschiebungen und seine technischen Anwendungsmöglichkeiten
1953, 20 Seiten, 6 Abb., DM 4,50

HEFT 11
Laboratorium für Werkzeugmaschinen und Betriebslehre, Technische Hochschule Aachen
1. Untersuchungen über Metallbearbeitung im Fräsvorgang mit Hartmetallwerkzeugen und negativem Spanwinkel
2. Weiterentwicklung des Schleifverfahrens für die Herstellung von Präzisionswerkstücken unter Vermeidung hoher Temperaturen
3. Untersuchung von Oberflächenveredlungsverfahren zur Steigerung der Belastbarkeit hochbeanspruchter Bauteile
1953, 80 Seiten, 61 Abb., DM 15,75

HEFT 12
Elektrowärme-Institut, Langenberg (Rhld.)
Induktive Erwärmung mit Netzfrequenz
1952, 22 Seiten 6 Abb., DM 5,20

HEFT 13
Techn.-Wissenschaftl. Büro für die Bastfaserindustrie, Bielefeld
Das Naßspinnen von Bastfasergarnen mit chemischen Zusätzen zum Spinnbad
1953, 52 Seiten, 4 Abb., 19 Tabellen, DM 10,—

HEFT 14
Forschungsstelle für Acetylen, Dortmund
Untersuchungen über Aceton als Lösungsmittel für Acetylen
1952, 64 Seiten, 10 Abb., 26 Tabellen, DM 12,25

HEFT 15
Wäschereiforschung Krefeld
Trocknen von Wäschestoffen
1953, 48 Seiten, 14 Abb., 2 Tabellen, DM 9,—

HEFT 16
Max-Planck-Institut für Kohlenforschung, Mülheim a. d. Ruhr
Arbeiten des MPI für Kohlenforschung
1953, 104 Seiten, 9 Abb., DM 17,80

HEFT 17
Ingenieurbüro Herbert Stein, M.-Gladbach
Untersuchungen der Verzugsvorgänge in den Streckwerken verschiedener Spinnereimaschinen. 1. Bericht: Vergleichende Prüfung mit verschiedenen Dickenmeßgeräten
1952, 36 Seiten, 15 Abb., DM 8,—

HEFT 18
Wäschereiforschung Krefeld
Grundlagen zur Erfassung der chemischen Schädigung beim Waschen
1953, 68 Seiten, 15 Abb., 15 Tabellen, DM 12,75

HEFT 19
Techn.-Wissenschaftl. Büro für die Bastfaserindustrie, Bielefeld
Die Auswirkung des Schlichtens von Leinengarnketten auf den Verarbeitungswirkungsgrad, sowie die Festigkeit und Dehnungsverhältnisse der Garne und Gewebe
1953, 48 Seiten, 1 Abb., 9 Tabellen, DM 9,—

HEFT 20
Techn.-Wissenschaftl. Büro für die Bastfaserindustrie, Bielefeld
Trocknung von Leinengarnen I
Vorgang und Einwirkung auf die Garnqualität
1953, 62 Seiten, 18 Abb., 5 Tabellen, DM 12,—

HEFT 21
Techn.-Wissenschaftl. Büro für die Bastfaserindustrie, Bielefeld
Trocknung von Leinengarnen II
Spulenanordnung und Luftführung beim Trocknen von Kreuzspulen
1953, 66 Seiten, 22 Abb., 9 Tabellen, DM 13,—

HEFT 22
Techn.-Wissenschaftl. Büro für die Bastfaserindustrie, Bielefeld
Die Reparaturanfälligkeit von Webstühlen
1953, 28 Seiten, 7 Abb., 5 Tabellen, DM 5,80

HEFT 23
Institut für Starkstromtechnik, Aachen
Rechnerische und experimentelle Untersuchungen zur Kenntnis der Metadyne als Umformer von konstanter Spannung auf konstanten Strom
1953, 52 Seiten, 20 Abb., 4 Tafeln, DM 9,75

HEFT 24
Institut für Starkstromtechnik, Aachen
Vergleich verschiedener Generator-Metadyne-Schaltungen in bezug auf statisches Verhalten
1952, 44 Seiten, 23 Abb., DM 8,50

HEFT 25
Gesellschaft für Kohlentechnik mbH., Dortmund-Eving
Struktur der Steinkohlen und Steinkohlen-Kokse
1953, 58 Seiten, DM 11,—

HEFT 26
Techn.-Wissenschaftl. Büro für die Bastfaserindustrie, Bielefeld
Vergleichende Untersuchungen zweier neuzeitlicher Ungleichmäßigkeitsprüfer für Bänder und Garne hinsichtlich ihrer Eignung für die Bastfaserspinnerei
1953, 64 Seiten, 30 Abb., DM 12,50

HEFT 27
Prof. Dr. E. Schratz, Münster
Untersuchungen zur Rentabilität des Arzneipflanzenanbaues Römische Kamille, Anthemis nobilis L.
1953, 16 Seiten, 1 Tabelle, DM 3,60

HEFT 28
Prof. Dr. E. Schratz, Münster
Calendula officinalis L. Studien zur Ernährung, Blütenfüllung und Rentabilität der Drogengewinnung
1953, 24 Seiten, 2 Abb., 3 Tabellen, DM 5,20

HEFT 29
Techn.-Wissenschaftl. Büro für die Bastfaserindustrie, Bielefeld
Die Ausnützung der Leinengarne in Geweben
1953, 100 Seiten, 14 Abb., 10 Tabellen, DM 17,80

HEFT 30
Gesellschaft für Kohlentechnik mbH., Dortmund-Eving
Kombinierte Entaschung und Verschwelung von Steinkohle; Aufarbeitung von Steinkohlenschlämmen zu verkokbarer oder verschwelbarer Kohle
1953, 56 Seiten, 16 Abb., 10 Tabellen, DM 10,50

HEFT 31
Dipl.-Ing. A. Stormanns, Essen
Messung des Leistungsbedarfs von Doppelsteg-Kettenförderern
1954, 54 Seiten, 18 Abb., 3 Anlagen, DM 11,—

HEFT 32
Techn.-Wissenschaftl. Büro für die Bastfaserindustrie, Bielefeld
Der Einfluß der Natriumchloridbleiche auf Qualität und Verwebbarkeit von Leinengarnen und die Eigenschaften der Leinengewebe unter besonderer Berücksichtigung des Einsatzes von Schützen- und Spulenwechselautomaten in der Leinenweberei
1953, 64 Seiten, 2 Abb., 12 Tabellen, DM 11,50

HEFT 33
Kohlenstoffbiologische Forschungsstation e. V.
Eine Methode zur Bestimmung von Schwefeldioxyd und Schwefelwasserstoff in Rauchgasen und in der Atmosphäre
1953, 32 Seiten, 8 Abb., 3 Tabellen, DM 6,50

HEFT 34
Textilforschungsanstalt Krefeld
Quellungs- und Entquellungsvorgänge bei Faserstoffen
1953, 52 Seiten, 13 Abb., 13 Tabellen, DM 9,80

WESTDEUTSCHER VERLAG · KÖLN UND OPLADEN

HEFT 35
Professor Dr. W. Kast, Krefeld
Feinstrukturuntersuchungen an künstlichen Zellulosefasern verschiedener Herstellungsverfahren.
Teil I: Der Orientierungszustand
1953, 74 Seiten, 30 Abb., 7 Tabellen, DM 13,80

HEFT 36
Forschungsinstitut der feuerfesten Industrie, Bonn
Untersuchungen über die Trocknung von Rohton
Untersuchungen über die chemische Reinigung von Silika- und Schamotte-Rohstoffen mit chlorhaltigen Gasen
1953, 60 Seiten, 5 Abb., 5 Tabellen, DM 11,—

HEFT 37
Forschungsinstitut der feuerfesten Industrie, Bonn
Untersuchungen über den Einfluß der Probenvorbereitung auf die Kaltdruckfestigkeit feuerfester Steine
1953, 40 Seiten, 2 Abb., 5 Tabellen, DM 7,80

HEFT 38
Forschungsstelle für Acetylen, Dortmund
Untersuchungen über die Trocknung von Acetylen zur Herstellung von Dissousgas
1953, 36 Seiten, 11 Abb., 3 Tabellen, DM 6,80

HEFT 39
Forschungsgesellschaft Blechverarbeitung e. V., Düsseldorf
Untersuchungen an prägegemusterten und vorgelochten Blechen
1953, 46 Seiten, 34 Abb., DM 9,50

HEFT 40
Landesgeologe Dr.-Ing. W. Wolff, Amt für Bodenforschung, Krefeld
Untersuchungen über die Anwendbarkeit geophysikalischer Verfahren zur Untersuchung von Spateisengängen im Siegerland
1953, 46 Seiten, 8 Abb., DM 8,80

HEFT 41
Techn.-Wissenschaftl. Büro für die Bastfaserindustrie, Bielefeld
Untersuchungsarbeiten zur Verbesserung des Leinenwebstuhles II
1953, 40 Seiten, 4 Abb., 5 Tabellen, DM 7,80

HEFT 42
Professor Dr. B. Helferich, Bonn
Untersuchungen über Wirkstoffe — Fermente — in der Kartoffel und die Möglichkeit ihrer Verwendung
1953, 58 Seiten, 9 Abb., DM 11,—

HEFT 43
Forschungsgesellschaft Blechverarbeitung e. V., Düsseldorf
Forschungsergebnisse über das Beizen von Blechen
1953, 48 Seiten, 38 Abb., 2 Tabellen, DM 11,30

HEFT 44
Arbeitsgemeinschaft für praktische Dehnungsmessung, Düsseldorf
Eigenschaften und Anwendungen von Dehnungsmeßstreifen
1953, 68 Seiten, 43 Abb., 2 Tabellen, DM 13,70

HEFT 45
Losenhausenwerk Düsseldorfer Maschinenbau AG., Düsseldorf
Untersuchungen von störenden Einflüssen auf die Lastgrenzenanzeige von Dauerschwingprüfmaschinen
1953, 36 Seiten, 11 Abb., 3 Tabellen, DM 7,25

HEFT 46
Prof. Dr. W. Fuchs, Aachen
Untersuchungen über die Aufbereitung von Wasser für die Dampferzeugung in Benson-Kesseln
1953, 58 Seiten, 18 Abb., 9 Tabellen, DM 11,20

HEFT 47
Prof. Dr.-Ing. K. Krekeler, Aachen
Versuche über die Anwendung der induktiven Erwärmung zum Sintern von hochschmelzenden Metallen sowie zur Anlegierung und Vergütung von aufgespritzten Metallschichten mit dem Grundwerkstoff
1954, 66 Seiten, 39 Abb., DM 13,90

HEFT 48
Max-Planck-Institut für Eisenforschung, Düsseldorf
Spektrochemische Analyse der Gefügebestandteile in Stählen nach ihrer Isolierung
1953, 38 Seiten, 8 Abb., 5 Tabellen, DM 7,80

HEFT 49
Max-Planck-Institut für Eisenforschung, Düsseldorf
Untersuchungen über Ablauf der Desoxydation und die Bildung von Einschlüssen in Stählen
1953, 52 Seiten, 19 Abb., 3 Tabellen, DM 12,40

HEFT 50
Max-Planck-Institut für Eisenforschung, Düsseldorf
Flammenspektralanalytische Untersuchung der Ferritzusammensetzung in Stählen
1953, 44 Seiten, 15 Abb., 4 Tabellen, DM 8,60

HEFT 51
Verein zur Förderung von Forschungs- und Entwicklungsarbeiten in der Werkzeugindustrie e. V., Remscheid
Untersuchungen an Kreissägeblättern für Holz, Fehler- und Spannungsprüfverfahren
1953, 50 Seiten, 23 Abb., DM 10,—

HEFT 52
Forschungsstelle für Acetylen, Dortmund
Untersuchungen über den Umsatz bei der explosiblen Zersetzung von Azetylen
a) Zersetzung von gasförmigem Azetylen
b) Zersetzung von an Silikagel adsorbiertem Azetylen
1954, 48 Seiten, 8 Abb., 10 Tabellen, DM 9,25

HEFT 53
Professor Dr.-Ing. H. Opitz, Aachen
Reibwert und Verschleißmessungen an Kunststoffgleitführungen für Werkzeugmaschinen
1954, 38 Seiten, 18 Abb., DM 8,20

HEFT 54
Professor Dr.-Ing. F. A. F. Schmidt, Aachen
Schaffung von Grundlagen für die Erhöhung der spez. Leistung und Herabsetzung des spez. Brennstoffverbrauches bei Ottomotoren mit Teilbericht über Arbeiten an einem neuen Einspritzverfahren
1954, 34 Seiten, 15 Abb., DM 7,40

HEFT 55
Forschungsgesellschaft Blechverarbeitung e. V. Düsseldorf
Chemisches Glänzen von Messing und Neusilber
1954, 50 Seiten, 21 Abb., 1 Tabelle, DM 10,20

HEFT 56
Forschungsgesellschaft Blechverarbeitung e. V., Düsseldorf
Untersuchungen über einige Probleme der Behandlung von Blechoberflächen
1954, 52 Seiten, 42 Abb., DM 11,20

HEFT 57
Prof. Dr.-Ing. F. A. F. Schmidt, Aachen
Untersuchungen zur Erforschung des Einflusses des chemischen Aufbaues des Kraftstoffes auf sein Verhalten im Motor und in Brennkammern von Gasturbinen
1954, 70 Seiten, 32 Abb., DM 14,60

HEFT 58
Gesellschaft für Kohlentechnik mbH., Dortmund
Herstellung und Untersuchung von Steinkohlenschwelteer
1954, 74 Seiten, 9 Abb., 9 Tabellen, DM 13,75

HEFT 59
Forschungsinstitut der Feuerfest-Industrie e. V., Bonn
Ein Schnellanalysenverfahren zur Bestimmung von Aluminiumoxyd, Eisenoxyd und Titanoxyd in feuerfestem Material mittels organischer Farbreagenzien auf photometrischem Wege
Untersuchungen des Alkali-Gehaltes feuerfester Stoffe mit dem Flammenphotometer nach Riehm-Lange
1954, 62 Seiten, 12 Abb., 3 Tabellen, DM 11,60

HEFT 60
Forschungsgesellschaft Blechverarbeitung e. V., Düsseldorf
Untersuchungen über das Spritzlackieren im elektrostatischen Hochspannungsfeld
1954, 82 Seiten, 53 Abb., 7 Tabellen, DM 17,—

HEFT 61
Verein zur Förderung von Forschungs- und Entwicklungsarbeiten in der Werkzeugindustrie e. V., Remscheid
Schwingungs- und Arbeitsverhalten von Kreissägeblättern für Holz
1954, 54 Seiten, 31 Abb., DM 11,40

HEFT 62
Professor Dr. W. Franz, Institut für theoretische Physik der Universität Münster
Berechnung des elektrischen Durchschlags durch feste und flüssige Isolatoren
1954, 36 Seiten, DM 7,—

HEFT 63
Textilforschungsanstalt Krefeld
Neue Methoden zur Untersuchung der Wirkungsweise von Textilhilfsmitteln
Untersuchungsvorgänge über Schlichtungs- und Entschlichtungsvorgänge
1954, 34 Seiten, 1 Abb., 5 Tabellen, DM 6,80

HEFT 64
Textilforschungsanstalt Krefeld
Die Kettenlängenverteilung von hochpolymeren Faserstoffen
Über die fraktionierte Fällung von Polyamiden
1954, 44 Seiten, 13 Abb., DM 8,60

HEFT 65
Fachverband Schneidwarenindustrie, Solingen
Untersuchungen über das elektrolytische Polieren von Tafelmesserklingen aus rostfreiem Stahl
1954, 90 Seiten, 38 Abb., 9 Tabellen, DM 17,35

HEFT 66
Dr.-Ing. P. Füsgen VDI †, Düsseldorf
Untersuchungen über das Auftreten des Ratterns bei selbsthemmenden Schneckengetrieben und seine Verhütung
1954, 32 Seiten, 5 Abb., DM 6,60

HEFT 67
Heinrich Wösthoff o. H. G., Apparatebau, Bochum
Entwicklung einer chemisch-physikalischen Apparatur zur Bestimmung kleinster Kohlenoxyd-Konzentrationen
1954, 94 Seiten, 48 Abb., 2 Tabellen, DM 18,25

HEFT 68
Kohlenstoffbiologische Forschungsstation e. V., Essen
Algengroßkulturen im Sommer 1952
II. Über die unsterile Großkultur von Scenedesmus obliquus
1954, 62 Seiten, 3 Abb., 29 Tabellen, DM 11,40

HEFT 69
Wäschereiforschung Krefeld
Bestimmung des Faserabbaues bei Leinen unter besonderer Berücksichtigung der Leinengarnbleiche
1954, 48 Seiten, 15 Abb., 3 Tabellen, DM 9,60

HEFT 70
Wäschereiforschung Krefeld
Trocknen von Wäschestoffen
1954, 52 Seiten, 18 Abb., 3 Tabellen, DM 10,—

HEFT 71
Prof. Dr.-Ing. K. Leist, Aachen
Kleingasturbinen, insbesondere zum Fahrzeugantrieb
1954, 114 Seiten, 85 Abb., DM 22,—

HEFT 72
Prof. Dr.-Ing. K. Leist, Aachen
Beitrag zur Untersuchung von stehenden geraden Turbinengittern mit Hilfe von Druckverteilungsmessungen
1954, 152 Seiten, 111 Abb., DM 36,20

HEFT 73
Prof. Dr.-Ing. K. Leist, Aachen
Spannungsoptische Untersuchungen von Turbinenschaufelfüßen
1954, 66 Seiten, 46 Abb., 2 Tabellen, DM 14,60

HEFT 74
Max-Planck-Institut für Eisenforschung, Düsseldorf
Versuche zur Klärung des Umwandlungsverhaltens eines sonderkarbidbildenden Chromstahls
1954, 58 Seiten, 10 Abb., DM 14,—

HEFT 75
Max-Planck-Institut für Eisenforschung, Düsseldorf
Zeit-Temperatur-Umwandlungs-Schaubilder als Grundlage der Wärmebehandlung der Stähle
1954, 44 Seiten, 13 Abb., DM 8,70

HEFT 76
Max-Planck-Institut für Arbeitsphysiologie, Dortmund
Arbeitstechnische und arbeitsphysiologische Rationalisierung von Mauersteinen
1954, 52 Seiten, 12 Abb., 3 Tabellen, DM 10,20

HEFT 77
Meteor Apparatebau Paul Schmeck GmbH., Siegen
Entwicklung von Leuchtstoffröhren hoher Leistung
1954, 46 Seiten, 12 Abb., 2 Tabellen, DM 9,15

HEFT 78
Forschungsstelle für Acetylen, Dortmund
Über die Zustandsgleichung des gasförmigen Acetylens und das Gleichgewicht Acetylen — Aceton
1954, 42 Seiten, 3 Abb., 8 Tabellen, DM 8,—

HEFT 79
Techn.-Wissenschaftl. Büro für die Bastfaserindustrie, Bielefeld
Trocknung von Leinengarnen III
Spinnspulen- und Spinnkopstrocknung
Vorgang und Einwirkung auf die Garnqualität
1954, 74 Seiten, 18 Abb., 10 Tabellen, DM 14,—

WESTDEUTSCHER VERLAG · KÖLN UND OPLADEN

HEFT 80
Techn.-Wissenschaftl. Büro für die Bastfaserindustrie, Bielefeld
Die Verarbeitung von Leinengarn auf Webstühlen mit und ohne Oberbau
1954, 30 Seiten, 2 Abb., 2 Tabellen, DM 6,—

HEFT 81
Prüf- und Forschungsinstitut für Ziegeleierzeugnisse, Essen-Kray
Die Einführung des großformatigen Einheits-Gitterziegels im Lande Nordrhein-Westfalen
1954, 54 Seiten, 2 Abb., 2 Tabellen, DM 10,—

HEFT 82
Vereinigte Aluminium-Werke AG., Bonn
Forschungsarbeiten auf dem Gebiet der Veredelung von Aluminium-Oberflächen
1954, 46 Seiten, 34 Abb., DM 9,60

HEFT 83
Prof. Dr. S. Strugger, Münster
Über die Struktur der Proplastiden
1954, 30 Seiten, 15 Abb., DM 8,40

HEFT 84
Dr. H. Baron, Düsseldorf
Über Standardisierung von Wundtextilien
1954, 32 Seiten, DM 6,40

HEFT 85
Textilforschungsanstalt Krefeld
Physikalische Untersuchungen an Fasern, Fäden, Garnen und Geweben:
Untersuchungen am Knickscheuergerät nach Weltzien
1954, 40 Seiten, 11 Abb., 8 Tabellen, DM 10,—

HEFT 86
Prof. Dr.-Ing. H. Opitz, Aachen
Untersuchungen über das Fräsen von Baustahl sowie über den Einfluß des Gefüges auf die Zerspanbarkeit
1954, 108 Seiten, 73 Abb., 7 Tabellen, DM 22,—

HEFT 87
Gemeinschaftsausschuß Verzinken, Düsseldorf
Untersuchungen über Güte von Verzinkungen
1954, 68 Seiten, 56 Abb., 3 Tabellen, DM 15,30

HEFT 88
Gesellschaft für Kohlentechnik mbH., Dortmund-Eving
Oxydation von Steinkohle mit Salpetersäure
1954, 62 Seiten, 2 Abb., 1 Tabelle, DM 11,50

HEFT 89
Verein Deutscher Ingenieure, Gleitlagerforschung, Düsseldorf und Prof. Dr.-Ing. G. Vogelpohl, Göttingen
Versuche mit Preßstoff-Lagern für Walzwerke
1954, 70 Seiten, 34 Abb., DM 14,10

HEFT 90
Forschungs-Institut der Feuerfest-Industrie, Bonn
Das Verhalten von Silikasteinen im Siemens-Martin-Ofengewölbe
1954, 62 Seiten, 15 Abb., 11 Tabellen, DM 11,90

HEFT 91
Forschungs-Institut der Feuerfest-Industrie, Bonn
Untersuchungen über den Zusammenhang zwischen Leistung und Kohlenverbrauch von Kammeröfen zum Brennen von feuerfesten Materialien
1954, 42 Seiten, 6 Abb., DM 8,30

HEFT 92
Techn.-Wissenschaftl. Büro für die Bastfaserindustrie, Bielefeld und Laboratorium für textile Meßtechnik, M.-Gladbach
Messungen von Vorgängen am Webstuhl
1954, 76 Seiten, 45 Abb., DM 15,50

HEFT 93
Prof. Dr. W. Kast, Krefeld
Spinnversuche zur Strukturerfassung künstlicher Zellulosefasern
1954, 82 Seiten, 39 Abb., 6 Tabellen, DM 16,—

HEFT 94
Prof. Dr. G. Winter, Bonn
Die Heilpflanzen des MATTHIOLUS (1611) gegen Infektionen der Harnwege und Verunreinigung der Wunden bzw. zur Förderung der Wundheilung im Lichte der Antibiotikaforschung
1954, 58 Seiten, 1 Abb., 2 Tabellen, DM 11,50

HEFT 95
Prof. Dr. G. Winter, Bonn
Untersuchungen über die flüchtigen Antibiotika aus der Kapuziner- (Tropaeolum maius) und Gartenkresse (Lepidium sativum) und ihr Verhalten im menschlichen Körper bei Aufnahme von Kapuziner- bzw. Gartenkressensalat per os
1955, 74 Seiten, 9 Abb., 25 Tabellen, DM 14,—

HEFT 96
Dr.-Ing. P. Koch, Dortmund
Austritt von Exoelektronen aus Metalloberflächen unter Berücksichtigung der Verwendung des Effektes für die Materialprüfung
1954, 34 Seiten, 13 Abb., DM 7,—

HEFT 97
Ing. H. Stein, Laboratorium für textile Meßtechnik, M.-Gladbach
Untersuchung der Verzugsvorgänge an den Streckwerken verschiedener Spinnereimaschinen
2. Bericht: Ermittlung der Haft-Gleiteigenschaften von Faserbändern und Vorgarnen
1955, 98 Seiten, 54 Abb., DM 21,—

HEFT 98
Fachverband Gesenkschmieden, Hagen
Die Arbeitsgenauigkeit beim Gesenkschmieden unter Hämmern
1955, 132 Seiten, 55 Abb., 9 Tabellen, DM 24,75

HEFT 99
Prof. Dr.-Ing. G. Garbotz, Aachen
Der Kraft- und Arbeitsaufwand sowie die Leistungen beim Biegen von Bewehrungsstählen in Abhängigkeit von den Abmessungen, den Formen und der Güte der Stähle (Ermittlung von Leistungsrichtlinien)
1955, 136 Seiten, 53 Abb., 3 Anlagen, 18 Tabellen, DM 30,—

HEFT 100
Prof. Dr.-Ing. H. Opitz, Aachen
Untersuchungen von elektrischen Antrieben, Steuerungen und Regelungen an Werkzeugmaschinen
1955, 166 Seiten, 71 Abb., 3 Tabellen, DM 31,30

HEFT 101
Prof. Dr.-Ing. H. Opitz, Aachen
Wirtschaftlichkeitsbetrachtungen beim Außenrundschleifen
1955, 100 Seiten, 56 Abb., 3 Tabellen, DM 19,30

HEFT 102
Dr.-Ing. P. Hölemann, Ing. R. Hasselmann und Ing. G. Dix, Dortmund
Untersuchungen über die thermische Zündung von explosiblen Acetylenzersetzungen in Kapillaren
1954, 44 Seiten, 5 Abb., 4 Tabellen, DM 8,60

HEFT 103
Prof. Dr. W. Weizel, Bonn
Durchführung von experimentellen Untersuchungen über den zeitlichen Ablauf von Funken in komprimierten Edelgasen sowie zu deren mathematischen Berechnung
1955, 46 Seiten, 12 Abb., DM 9,10

HEFT 104
Prof. Dr. W. Weizel, Bonn
Über den Einfluß der Elektroden auf die Eigenschaften von Cadmium-Sulfid-Widerstands-Photozellen
1955, 48 Seiten, 12 Abb., DM 9,45

HEFT 105
Dr.-Ing. R. Meldau, Harsewinkel/Westf.
Auswertung von Gekörn — Analysen des Musterstaubes „Flugasche Fortuna I"
1955, 42 Seiten, 14 Abb., DM 8,50

HEFT 106
ORR. Dr.-Ing. W. Küch, Dortmund
Untersuchungen über die Einwirkung von feuchtigkeitsgesättigter Luft auf die Festigkeit von Leimverbindungen
1954, 60 Seiten, 10 Abb., 6 Tabellen, DM 11,40

HEFT 107
Prof. Dr. H. Lange und Dipl.-Phys. P. St. Pütter, Köln
Über die Konstruktion von Laboratoriumsmagneten
1955, 66 Seiten, 19 Abb., 1 Tabelle, DM 12,30

HEFT 108
Prof. Dr. W. Fuchs, Aachen
Untersuchungen über neue Beizmethoden und Beizabwässer
I. Die Entzunderung von Drähten mit Natriumhydrid
II. Die Aufbereitung von Beizabwässern
1955, 82 Seiten, 15 Abb., 14 Tabellen, 1 Falttafel, DM 15,25

HEFT 109
Dr. P. Hölemann und Ing. R. Hasselmann, Dortmund
Untersuchungen über die Löslichkeit von Azetylen in verschiedenen organischen Lösungsmittel
1954, 42 Seiten, 10 Abb., 8 Tabellen, DM 8,30

HEFT 110
Dr. P. Hölemann und Ing. R. Hasselmann, Dortmund
Untersuchungen über den Druckverlauf bei der explosiblen Zersetzung von gasförmigem Azetylen
1955, 54 Seiten, 10 Abb., 5 Tabellen, DM 11,—

HEFT 111
Fachverband Steinzeugindustrie, Köln
Die Entwicklung eines Gerätes zur Beschickung seitlicher Feuer von Steinzeug-Einzelkammeröfen mit festen Brennstoffen
1955, 46 Seiten, 16 Abb., DM 9,40

HEFT 112
Prof. Dr.-Ing. H. Opitz, Aachen
Verschleißmessungen beim Drehen mit aktivierten Hartmetallwerkzeugen
1954, 44 Seiten, 17 Abb., 6 Tabellen, DM 8,80

HEFT 113
Prof. Dr. O. Graf, Dortmund
Erforschung der geistigen Ermüdung und nervösen Belastung: Studien über die vegetative 24-Stunden-Rhythmik in Ruhe und unter Belastung
1955, 40 Seiten, 12 Abb., DM 8,20

HEFT 114
Prof. Dr. O. Graf, Dortmund
Studien über Fließarbeitsprobleme an einer praxisnahen Experimentieranlage
1954, 34 Seiten, 6 Abb., DM 7,—

HEFT 115
Prof. Dr. O. Graf, Dortmund
Studium über Arbeitspausen in Betrieben bei freier und zeitgebundener Arbeit (Fließarbeit) und ihre Auswirkung auf die Leistungsfähigkeit
1955, 50 Seiten, 13 Abb., 2 Tabellen, DM 9,80

HEFT 116
Prof. Dr.-Ing. E. Siebel und Dr.-Ing. H. Weiss, Stuttgart
Untersuchungen an einigen Problemen des Tiefziehens — I. Teil
1955, 74 Seiten, 50 Abb., 5 Tabellen, DM 14,50

HEFT 117
Dr.-Ing. H. Beißwänger, Stuttgart, und Dr.-Ing. S. Schwandt, Trier
Untersuchungen an einigen Problemen des Tiefziehens — II. Teil
1955, 92 Seiten, 34 Abb., 8 Tabellen, DM 17,70

HEFT 118
Prof. Dr. E. A. Müller und Dr. H. G. Wenzel, Dortmund
Neuartige Klima-Anlage zur Erzeugung ungleicher Luft- und Strahlungstemperaturen in einem Versuchsraum
1955, 68 Seiten, 10 z. T. mehrfarb. Abb., DM 14,—

HEFT 119
Dr.-Ing. O. Viertel, Krefeld
Wäscherei- und energietechnische Untersuchung einer Gemeinschafts-Waschanlage
1955, 50 Seiten, 18 Abb., DM 10,20

HEFT 120
Dipl.-Ing. A. Weisbecker, Lüdenscheid
Über Anfressung an Reinstaluminium-Schweißnähten bei der elektrolytischen Oxydation
Gebr. Hörstermann GmbH., Velbert
Entwicklung und Erprobung eines neuartigen Gummibandförderers
1955, 46 Seiten, 18 Abb., DM 9,70

HEFT 121
Dr. H. Krebs, Bonn
I. Die Struktur und die Eigenschaften der Halbmetalle
II. Die Bestimmung der Atomverteilung in amorphen Substanzen
III. Die chemische Bindung in anorganischen Festkörpern und das Entstehen metallischer Eigenschaften
1955, 124 Seiten, 36 Abb., 13 Tabellen, DM 22,90

HEFT 122
Prof. Dr. W. Fuchs, Aachen
Untersuchungen zur Verbesserung der Wasseraufbereitung und Wasseranalyse:
Über die Schnellbewertung von Ionenaustauscher
1955, 62 Seiten, 32 Abb., 2 Tabellen, DM 12,30

HEFT 123
Dipl.-Ing. J. Emondts, Aachen
Über Bodenverformungen bei stark gestörtem und mächtigem, wasserführendem Deckgebirge im Aachener Steinkohlengebiet
1955, 196 Seiten, 37 Abb., 10 Tabellen, DM 28,80

HEFT 124
Prof. Dr. R. Seyffert, Köln
Wege und Kosten der Distribution der Hausratwaren im Lande Nordrhein-Westfalen
1955, 74 Seiten, 25 Tabellen, DM 9,—

WESTDEUTSCHER VERLAG · KÖLN UND OPLADEN

HEFT 125
Prof. Dr. E. Kappler, Münster
Eine neue Methode zur Bestimmung von Kondensations-Koeffizienten von Wasser
1955, 46 Seiten, 11 Abb., 1 Tabelle, DM 9,10

HEFT 126
Prof. Dr.-Ing. J. Mathieu, Aachen
Arbeitszeitvergleich
Grundlagen, Methodik und praktische Durchführung
1955, 70 Seiten, DM 13,—

HEFT 127
Güteschutz Betonstein e. V.,
Arbeitskreis Nordrhein-Westfalen, Dortmund
Die Betonwaren-Gütesicherung im Lande Nordrhein-Westfalen
1955, 58 Seiten, 15 Abb., 3 Tabellen, DM 11,50

HEFT 128
Prof. Dr. O. Schmitz-DuMont, Bonn
Untersuchungen über Reaktionen in flüssigem Ammoniak
1955, 96 Seiten, 11 Abb., 6 Tabellen, DM 17,75

HEFT 129
Prof. Dr.-Ing. J. Mathieu und Dr. C. A. Roos, Aachen
Die Anlernung von Industriearbeitern
I. Ergebnisse einer grundsätzlichen Untersuchung der gegenwärtigen Industriearbeiter-Kurzanlernung
1955, 106 Seiten, DM 19,70

HEFT 130
Prof. Dr.-Ing. J. Mathieu und Dr. C. A. Roos, Aachen
Die Anlernung von Industriearbeitern
II. Beiträge zur Methodenfrage der Kurzanlernung
1955, 108 Seiten, DM 19,90

HEFT 131
Dr. W. Hoerburger, Köln
Versuche zur Biosynthese von Eiweiß aus Kohlenwasserstoff
1955, 34 Seiten, 2 Abb., DM 6,90

HEFT 132
Prof. Dr. W. Seith, Münster
Über Diffusionserscheinungen in festen Metallen
1955, 42 Seiten, 19 Abb., 4 Tabellen, DM 9,10

HEFT 133
Prof. Dr. E. Jenckel, Aachen
Über einen für Schwermetalle selektiven Ionenaustauscher
1955; 48 Seiten, 8 Abb., 13 Tabellen, DM 9,50

HEFT 134
Prof. Dr.-Ing. H. Winterhager, Aachen
Über die elektrochemischen Grundlagen der Schmelzfluß-Elektrolyse von Bleisulfid in geschmolzenen Mischungen mit Bleichlorid
1955, 54 Seiten, 20 Abb., 5 Tabellen, DM 11,80

HEFT 135
Prof. Dr.-Ing. K. Krekeler und Dr.-Ing. H. Peukert, Aachen
Die Änderung der mechanischen Eigenschaften thermoplastischer Kunststoffe durch Warmrecken
1955, 54 Seiten, 27 Abb., DM 11,10

HEFT 136
Dipl.-Phys. P. Pilz, Remscheid
Über spezielle Probleme der Zerkleinerungstechnik von Weichstoffen
1955, 58 Seiten, 19 Abb., 2 Tabellen, DM 11,50

HEFT 137
Prof. Dr. W. Baumeister, Münster
Beiträge zur Mineralstoffernährung der Pflanzen
1955, 64 Seiten, 6 Tabellen, DM 11,80

HEFT 138
Dr. P. Hölemann und Ing. R. Hasselmann, Dortmund
Untersuchungen über die Zersetzungswärme von gasförmigem und in Azeton gelöstem Azetylen
1955, 54 Seiten, 8 Abb., 7 Tabellen, DM 10,40

HEFT 139
Prof. Dr. W. Fuchs, Aachen
Studien über die thermische Zersetzung der Kohle und die Kohlendestillatprodukte
1955, 64 Seiten, 20 Abb., 22 Tabellen, DM 11,80

HEFT 140
Dr.-Ing. G. Hausberg, Essen
Modellversuche an Zyklonen
1955, 78 Seiten, 24 Abb., DM 15,70

HEFT 141
Dr. J. van Calker und Dr. R. Wienecke, Münster
Untersuchungen über den Einfluß dritter Analysenpartner auf die spektrochemische Analyse
1955, 42 Seiten, 15 Abb., DM 9,10

HEFT 142
Dipl.-Ing. G. M. F. Wiebel, Hannover, A. Konermann und A. Ottenheym, Sennelager
Entwicklung eines Kalksandleichtsteines
1955, 38 Seiten, 4 Abb., DM 8,—

HEFT 143
Prof. Dr. F. Wever, Dr. A. Rose und Dipl.-Ing. W. Straßburg, Düsseldorf
Härtbarkeit und Umwandlungsverhalten der Stähle
1955, 50 Seiten, 12 Abb., 3 Tabellen, DM 10,70

HEFT 144
Prof. Dr. H. Wurmbach, Bonn
Steuerung von Wachstum und Formbildung
1955, 48 Seiten, 19 Abb., DM 10,30

HEFT 145
Dr. G. Hennemann, Werdohl (Westf.)
Beitrag zur Interpretation der modernen Atomphysik
1955, 34 Seiten, DM 10,—

HEFT 146
Dr.-Ing. F. Gruß, Düsseldorf
Sterilisation mit Heißluft
1955, 34 Seiten, 10 Abb., DM 7,70

HEFT 147
Dr.-Ing. W. Rudisch, Unna
Untersuchung einer drehelastischen Elektromagnet-Synchronkupplung
1955, 82 Seiten, 65 Abb., DM 17,70

HEFT 148
Prof. Dr. H. Bittel u. Dipl.-Phys. L. Storm, Münster
Untersuchungen über Widerstandsrauschen
1955, 40 Seiten, 5 Abb., DM 8,40

HEFT 149
Dipl.-Ing. K. Konopicky und Dipl.-Chem. P. Kampa, Bonn
I. Beitrag zur flammenphotometrischen Bestimmung des Calciums.
Dr.-Ing. K. Konopicky, Bonn
II. Die Wanderung von Schlackenbestandteilen in feuerfesten Baustoffen
1955, 54 Seiten, 10 Abb., 5 Tabellen, DM 11,—

HEFT 150
Prof. Dr.-Ing. O. Kienzle und Dipl.-Ing. W. Timmerbeil, Hannover
Das Durchziehen enger Kragen an ebenen Fein- und Mittelblechen
1955, 52 Seiten, 20 Abb., 8 Tabellen, DM 11,30

HEFT 151
Dipl.-Ing. P. Karabasch, Aachen
Feststellung des optimalen Gasgehaltes von Bronzen zur Erzielung druckdichter Gußstücke
1956, 64 Seiten, 31 Abb., 5 Tabellen, DM 13,90

HEFT 152
Dipl.-Ing. G. Müller, Köln
Ermittlung der Laufeigenschaften (Vergießbarkeit) von Bronze und Rotguß mittels der Schneider-Gießspirale
1955, 60 Seiten, 33 Abb., DM 13,30

HEFT 153
Prof. Dr. F. Wever, Dr.-Ing. W. A. Fischer und Dipl.-Ing. J. Engelbrecht, Düsseldorf
I. Die Reduktion sauerstoffhaltiger Eisenschmelzen im Hochvakuum mit Wasserstoff und Kohlenstoff
II. Einfluß geringer Sauerstoffgehalte auf das Gefüge und Alterungsverhalten von Reineisen
1955, 54 Seiten, 15 Abb., 2 Tabellen, DM 12,40

HEFT 154
Prof. Dr.-Ing. P. Bardenheuer und Dr.-Ing. W. A. Fischer, Düsseldorf
Die Verschlackung von Titan aus Stahlschmelzen im sauren und basischen Hochfrequenzofen unter verschiedenen Schlacken
1955, 36 Seiten, 10 Abb., 1 Tabelle, DM 7,95

HEFT 155
Dipl.-Phys. K. H. Schirmer, München
Die auf Grau abgestimmte Farbwiedergabe im Dreifarbenbuchdruck
1955, 46 Seiten, 17 Abb., 2 Farbtafeln, DM 10,—

HEFT 156
Prof. Dr.-Ing. B. von Borries und Mitarbeiter, Düsseldorf
Die Entwicklung regelbarer permanentmagnetischer Elektronenlinsen hoher Brechkraft und eines mit ihnen ausgerüsteten Elektronenmikroskopes neuer Bauart
1956, 102 Seiten, 52 Abb., DM 22,55

HEFT 157
Dr. W. Jawtusch, Dr. G. Schuster und Prof. Dr.-Ing. R. Jaeckel, Bonn
Untersuchungen über die Stoßvorgänge zwischen neutralen Atomen und Molekülen
1955, 48 Seiten, 15 Abb., 3 Tabellen, DM 10,50

HEFT 158
Dipl.-Ing. W. Rosenkranz, Meinerzhagen
Ein Beitrag zum Problem der Spannungskorrosion bei Preßprofilen und Preßteilen aus Aluminium-Legierungen
1956, 112 Seiten, 61 Abb., 5 Tabellen, DM 27,40

HEFT 159
Dr.-Ing. O. Viertel und O. Oldenroth, Krefeld
Das Bleichen von Weißwäsche mit Wasserstoffsuperoxyd bzw. Natriumhypochlorit beim maschinellen Waschen
1955, 54 Seiten, 23 Abb., 2 Tabellen, DM 11,45

HEFT 160
Prof. Dr. W. Klemm, Münster
Über neue Sauerstoff- und Fluor-haltige Komplexe
1955, 50 Seiten, 13 Abb., 7 Tabellen, DM 10,80

HEFT 161
Prof. Dr. W. Weltzien und Dr. G. Hauschild, Krefeld
Über Silikone und ihre Anwendung in der Textilveredlung
1955, 162 Seiten, 22 Abb., 10 Tabellen, DM 27,—

HEFT 162
Prof. Dr. F. Wever, Prof. Dr. A. Kochendörfer und Dr.-Ing. Chr. Rohrbach, Düsseldorf
Kennzeichnung der Sprödbruchneigung von Stählen durch Messung der Fließspannung, Reißspannung und Brucheinschnürung an dreiachsig beanspruchten Proben
1955, 58 Seiten, 26 Abb., DM 13,—

HEFT 163
Dipl.-Ing. W. Rohs und Text.-Ing. H. Griese, Bielefeld
Untersuchungsarbeiten zur Verbesserung des Leinenwebstuhls III
1955, 80 Seiten, 15 Abb., 18 Tabellen, DM 15,80

HEFT 164
Dr.-Ing. H. Schmachtenberg, Köln
Neuartige Prüfeinrichtungen für Kraftfahrzeuge
1955, 44 Seiten, 23 Abb., DM 9,60

HEFT 165
Dr.-Ing. W. Wilhelm, Aachen
Instationäre Gasströmung im Auspuffsystem eines Zweitaktmotors
1955, 62 Seiten, 31 Abb., 8 Tabellen, DM 13,60

HEFT 166
Prof. Dr. M. v. Stackelberg, Dr. H. Heindze, Dr. H. Hübschke und Dr. K. H. Frangen, Bonn
Kolloidchemische Untersuchungen
1955, 106 Seiten, 8 Abb., 13 Tabellen, DM 21,25

HEFT 167
Prof. Dr.-Ing. F. Schuster, Essen
I. Über die Heißkarburierung von Brenngasen mit Ölen und Teeren
II. Die Strahlungsvorgänge in brennstoffbeheizten Öfen bei verschiedenen Verbrennungsatmosphären
1955, 38 Seiten, 8 Abb., DM 8,30

HEFT 168
Prof. Dr.-Ing. F. Schuster, Essen
I. Luftvorwärmung an Gasfeuerungen
II. Heizwerthöhe von Brenngasen und Wirkungsgrad sowie Gasverbrauch bei der Gasverwendung
III. Sauerstoffangereicherte Luft und feuerungstechnische Kenngrößen von Brenngasen
1955, 60 Seiten, 18 Abb., DM 12,50

HEFT 169
Forschungsinstitut für Pigmente und Lacke, Stuttgart
Arbeiten über die Bestimmung des Gebrauchswertes von Lackfilmen durch physikalische Prüfungen
1955, 70 Seiten, 23 Abb., 4 Tabellen, DM 15,—

HEFT 170
Prof. Dr. F. Wever, Dr. A. Rose und Dipl.-Ing. L. Rademacher, Düsseldorf
Anwendung der Umwandlungsschaubilder auf Fragen der Werkstoffauswahl beim Schweißen und Flammhärten
1955, 64 Seiten, 25 Abb., DM 13,70

WESTDEUTSCHER VERLAG · KÖLN UND OPLADEN

HEFT 171
Wäschereiforschung Krefeld
Untersuchung der Wäscheentwässerung mit Hilfe von Zentrifugen und Pressen
1955, 42 Seiten, 16 Abb., 4 Tabellen, DM 9,70

HEFT 172
Dipl.-Ing. W. Rohs, Dr.-Ing. G. Satlow und Text.-Ing. G. Heller, Bielefeld
Trocknung von Hanfgarnen. Kreuzspultrocknung
1955, 60 Seiten, 7 Abb., 4 Tabellen, DM 10,30

HEFT 173
Prof. Dr. R. Hosemann und Dipl.-Phys. G. Schoknecht, Berlin, vorgelegt von Prof. Dr. W. Kast, Krefeld
Lichtoptische Herstellung und Diskussion der Faltungsquadrate parakristalliner Gitter
1956, 108 Seiten, 63 Abb., 6 Tabellen, DM 24,70

HEFT 174
Prof. Dr. W. von Fragstein, Dr. J. Meingast und H. Hoch, Köln
Herstellung von Solen einheitlicher Teilchengröße und Ermittlung ihrer optischen Eigenschaften
1955, 78 Seiten, 80 Abb., 4 Tabellen, DM 18,25

HEFT 175
Dr.-Ing. H. Zeller, Aachen
Beitrag zur eindimensionalen stationären und nichtstationären Gasströmung mit Reibung und Wärmeleitung insbesondere in Rohren mit unstetigen Querschnittsänderungen
1956, 138 Seiten, 56 Abb., DM 29,30

HEFT 176
Dipl.-Ing. H. Schöberl, Duisburg
Über die Methoden zur Ermittlung der Verbrennungstemperatur von Brennstoffen und ein Vorschlag zu ihrer Verbesserung
1955, 30 Seiten, 3 Abb., DM 6,50

HEFT 177
Dipl.-Ing. H. Stüdemann, Solingen, und Dr.-Ing. W. Müchler, Essen
Entwicklung eines Verfahrens zur zahlenmäßigen Bestimmung der Schneideigenschaften von Messerklingen
1956, 104 Seiten, 68 Abb., 4 Tabellen, DM 22,20

HEFT 178
Prof. Dr. M. von Stackelberg u. Dr. W. Hans, Bonn
Untersuchungen zur Ausarbeitung und Verbesserung von polarographischen Analysenmethoden
1955, 46 Seiten, 14 Abb., DM 10,50

HEFT 179
Dipl.-Ing. H. F. Reineke, Bochum
Entwicklungsarbeiten auf dem Gebiete der Meß- und Regeltechnik
1955, 46 Seiten, 10 Abb., DM 10,—

HEFT 180
Dr.-Ing. W. Piepenburg, Dipl.-Ing. B. Bühling und Bauing. J. Behnke, Köln
Putzarbeiten im Hochbau und Versuche mit aktiviertem Mörtel und mechanischem Mörtelauftrag
1955, 116 Seiten, 31 Abb., 68 Tabellen, DM 23,—

HEFT 181
Prof. Dr. W. Franz, Münster
Theorie der elektrischen Leitvorgänge in Halbleitern und isolierenden Festkörpern bei hohen elektrischen Feldern
1955, 28 Seiten, 2 Abb., 1 Tabelle, DM 6,20

HEFT 182
Dr.-Ing. P. Schenk u. Dr. K. Osterloh, Düsseldorf
Katalytisch-thermische Spaltung von gasförmigen und flüssigen Kohlenwasserstoffen zur Spitzengaserzeugung
1955, 50 Seiten, 11 Abb., 11 Tabellen, DM 10,90

HEFT 183
Dr. W. Bornheim, Köln
Entwicklungsarbeiten an Flaschen- und Ampullen-Behandlungsmaschinen für die pharmazeutische Industrie
1956, 48 Seiten, 24 Abb., DM 11,70

HEFT 184
Dr.-Ing. E. Printz, Kettwig
Vollhydraulische Parallel-Kupplung für Ackerschlepper
1955, 32 Seiten, 4 Abb., DM 7,80

HEFT 185
Dipl.-Ing. W. Rohs und Text.-Ing. G. Heller, Bielefeld
Studien an einem neuzeitlichen Kreuzspultrockner für Bastfasergarne mit Wiederbefeuchtungszone
1955, 52 Seiten, 9 Abb., 3 Tabellen, DM 10,70

HEFT 186
Dr. E. Wedekind, Krefeld
Untersuchungen zur Arbeitsbestgestaltung bei der Fertigstellung von Oberhemden in gewerblichen Wäschereien
1955, 124 Seiten, 28 Abb., 6 Tabellen, 2 Falttaf., DM 12,—

HEFT 187
Dipl.-Ing. F. Göttgens, Essen
Über die Eigenarten der Bimetall-, Thermo- und Flammenionisationssicherungsmethode in ihrer Anwendung auf Zündsicherungen
1955, 40 Seiten, 6 Abb., 4 Tabellen, DM 8,40

HEFT 188
W. Kinnebrock, Langenberg (Rhld.)
Der Einfluß des Austausches gleicher Gaskochbrenner bzw. Gaskochbrennerteile auf den Wirkungsgrad und insbesondere auf den CO-Gehalt der Verbrennungsgase
1955, 42 Seiten, 7 Tabellen, DM 8,70

HEFT 189
Fa. E. Leybold's Nachfolger, Köln
I. Ausgewählte Kapitel aus der Vakuumtechnik
II. Zum Verlust anorganisch-nichtflüchtiger Substanzen während der Gefriertrocknung
1955, 52 Seiten, 16 Abb., 3 Tabellen, DM 11,20

HEFT 190
Prof. Dr. A. Neuhaus, Prof. Dr. O. Schmitz-DuMont und Dipl.-Chem. H. Reckhard, Bonn
Zur Kenntnis der Alkalititanate
1955, 60 Seiten, 13 Abb., 1 Tabelle, DM 12,20

HEFT 191
Dr. H. Söhngen, Darmstadt
Schwingungsverhalten eines Schaufelkranzes im Vakuum
1955, 36 Seiten, 7 Abb., DM 7,80

HEFT 192
Dipl.-Phys. E. M. Schneider, München
Kohlebogenlampen für Aufnahme und Kopie
1955, 48 Seiten, 21 Abb., 3 Tabellen, DM 10,60

HEFT 193
Prof. Dr. O. Schmitz-DuMont, Bonn
Untersuchungen über neue Pigmentfarbstoffe
1956, 50 Seiten, 16 Abb., 8 Tabellen, DM 11,20

HEFT 194
Dr. K. Hecht, Köln
Entwicklung neuartiger physikalischer Unterrichtsgeräte
1955, 42 Seiten, 16 Abb., DM 9,90

HEFT 195
Dr.-Ing. E. Rößger, Köln
Gedanken über einen neuen deutschen Luftverkehr
1955, 342 Seiten, 29 Abb., 122 Tabellen, DM 50,—

HEFT 196
Dipl.-Ing. W. Rohs, und Text.-Ing. H. Griese, Bielefeld
Auswirkungen von Garnfehlern bei der Verarbeitung von Leinengarnen
1955, 36 Seiten, 3 Abb., 6 Tabellen, DM 7,80

HEFT 197
Dr. E. Wedekind, Krefeld
Untersuchungen zur Bestimmung der optimalen Arbeitsplatzgröße bei Mehrstuhlarbeit in der Weberei
1955, 92 Seiten, 34 Abb., DM 18,50

HEFT 198
Prof. Dr. J. Weissinger, Karlsruhe
Zur Aerodynamik des Ringflügels. Die Druckverteilung dünner, fast drehsymmetrischer Flügel in Unterschallströmung
1955, 42 Seiten, 5 Abb., DM 9,—

HEFT 199
Textilforschungsanstalt Krefeld
Die Messung von Gewebetemperaturen mittels Temperaturstrahlung
1955, 50 Seiten, 12 Abb., DM 10,90

HEFT 200
R. Seipenbusch, Langenberg (Rhld.)
Spitzengas durch Zusatz von Flüssiggas-Wassergas- und Flüssiggas-Generatorgas-Gemischen zu Stadtgas
1955, 48 Seiten, 21 Tabellen, DM 10,35

HEFT 201
Dr.-Ing. E. W. Pleines, Frankfurt/Main
Die Sicherheit im Luftverkehr
1956, 194 Seiten, 39 Abb., 19 Tabellen, DM 39,45

HEFT 202
Dipl.-Ing. D. Fiecke, Stuttgart/Zuffenhausen
Die Bestimmung der Flugzeugpolaren für Entwurfszwecke. I. Teil: Unterlagen
in Vorbereitung

HEFT 203
Dr. G. Wandel, Bonn
Uferbewachung und Lebendverbauung an den Nordwestdeutschen Kanälen und ihren Zuflüssen sowie an der Ruhr
in Vorbereitung

HEFT 204
Dipl.-Ing. B. Naendorf, Langenberg (Rhld.)
Bestimmung der Brenneigenschaften und des Brennverhaltens verschiedener Gasarten und Einfluß verschiedener Düsengestaltung
1955, 32 Seiten, 7 Abb., DM 7,10

HEFT 205
Dr. C. Schaarwächter, Düsseldorf
Über plastische Kupfer-Eisen-Phosphor-Legierungen
1956, 36 Seiten, 10 Abb., 10 Tabellen, DM 8,30

HEFT 206
Dr. P. Hölemann, Ing. R. Hasselmann und Ing. G. Dix, Dortmund
Untersuchungen über die Vorgänge bei der Zersetzung von in Azeton gelöstem Azetylen
1956, 74 Seiten, 7 Abb., 7 Tabellen, DM 15,55

HEFT 207
Prof. Dr.-Ing. H. Opitz, Dipl.-Ing. K. H. Fröhlich und Dipl.-Ing. H. Siebel, Aachen
Richtwerte für das Fräsen von unlegierten und legierten Baustählen mit Hartmetall. I. Teil
in Vorbereitung

HEFT 208
Prof. Dr.-Ing. H. Müller, Essen
Untersuchung von Elektrowärmegeräten für Laienbedienung hinsichtlich Sicherheit und Gebrauchsfähigkeit. I. Untersuchungen an Kochplatten
in Vorbereitung

HEFT 209
Dr. K. Bunge, Leverkusen
Materialabbau in Funkenentladungen. Untersuchungen an Zinkkathoden
1956, 54 Seiten, 10 Abb., 5 Tabellen, DM 11,40

HEFT 210
Dr. W. Porschen und Prof. Dr. W. Riezler, Bonn
Langlebige Alphaaktivitäten bei natürlichen Elementen
1955, 40 Seiten, 5 Abb., 4 Tabellen, DM 8,80

HEFT 211
Prof. Dipl.-Ing. W. Sturtzel und Dr.-Ing. W. Graff, Duisburg
Die Versuchsanstalt für Binnenschiffbau, Duisburg
1956, 48 Seiten, 22 Abb., DM 11,—

HEFT 212
Dipl.-Ing. H. Spodig, Selm
Untersuchung zur Anwendung der Dauermagnete in der Technik
1955, 44 Seiten, 25 Abb., DM 9,80

HEFT 213
Dipl.-Ing. K. F. Rittinghaus, Aachen
Zusammenstellung eines Meßwagens für Bau- und Raumakustik
in Vorbereitung

HEFT 214
Dr.-Ing. J. Endres, München
Berechnung der optimalen Leistungen, Kraftstoffverbräuche und Wirkungsgrade von Einkreis-Turbolader-Strahltriebwerken am Boden und in Höhe bei Fluggeschwindigkeiten von 0—2000 km/h
1956, 72 Seiten, 18 Abb., 8 Tabellen, DM 15,40

HEFT 215
Prof. Dr.-Ing. H. Opitz und Dr.-Ing. G. Weber, Aachen
Einfluß der Wärmebehandlung von Baustählen auf Spanentstehung, Schnittkraft- und Standzeitverhalten
in Vorbereitung

HEFT 216
Dr. E. Kloth, Köln
Untersuchungen über die Ausbreitung kurzer Schallimpulse bei der Materialprüfung mit Ultraschall
1956, 90 Seiten, 60 Abb., 4 Tabellen, DM 19,40

HEFT 217
Rationalisierungskuratorium der Deutschen Wirtschaft (RKW), Frankfurt/Main
Typenvielzahl bei Haushaltgeräten und Möglichkeiten einer Beschränkung
1956, 328 Seiten, 2 Abb., 181 Tabellen, DM 49,50

HEFT 218
Dr. F. Keune, Aachen
Bericht über eine Theorie der Strömung um Rotationskörper ohne Anstellung bei Machzahl Eins
1955, 40 Seiten, 8 Abb., 5 Formelblätter, DM 8,80

HEFT 219
Prof. Dr. W. Fuchs, Aachen
Untersuchungen zur Holzabfallverwertung und zur Chemie des Lignins
1955, 54 Seiten, 11 Abb., 15 Tabellen, DM 11,40

WESTDEUTSCHER VERLAG · KÖLN UND OPLADEN

HEFT 220
Prof. Dr. W. Fuchs, Aachen
Die Entwicklung neuer Regel- und Kontroll-Apparate zur coulometrischen Analyse
1956, 76 Seiten, 17 Abb., 23 Tabellen, DM 15,50

HEFT 221
Dr. W. Meyer-Eppler, Bonn
Experimentelle Untersuchungen zum Mechanismus von Stimme und Gehör in der lautsprachlichen Kommunikation
1955, 56 Seiten, 24 Abb., DM 13,45

HEFT 222
Dr. L. Köllner, Münster, und Dipl.-Volkswirt M. Kaiser, Bochum
Die internationale Wettbewerbsfähigkeit der westdeutschen Wollindustrie
1956, 214 Seiten, DM 39,50

HEFT 223
Dr.-Ing. K. Alberti und Dr. F. Schwarz, Köln
Über das Problem Hartbrand - Weichbrand
1956, 54 Seiten, 25 Abb., 14 Tabellen, DM 12,10

HEFT 224
Dipl.-Ing. H. Stüdeman und Ing. R. Beu, Solingen
Verfahren zur Prüfung der Korrosionsbeständigkeit von Messerklingen aus rostfreiem Stahl
1956, 82 Seiten, 28 Abb., DM 16,90

HEFT 225
Dr.-Ing. E. Barz, Remscheid
Der Spannungszustand von Gattersägeblättern
in Vorbereitung

HEFT 226
Technisch-wissenschaftliches Büro für die Bastfaserindustrie, Bielefeld
Untersuchungen zur Verbesserung des Leinenwebstuhles IV
Die Wirkung verschiedener Kettbaumbremsen auf die Verwebung von Leinengarnen
1956, 64 Seiten, 9 Abb., 4 Tabellen, DM 13,50

HEFT 227
Prof. Dr. F. Wever, Düsseldorf und Dr. W. Wepner, Köln
Untersuchung der Alterungsneigung von weichen unlegierten Stählen durch Härteprüfung bei Temperaturen bis 300 Grad C
1956, 34 Seiten, 20 Abb., 3 Tabellen, DM 7,95

HEFT 228
Prof. Dr. F. Wever, Dr. W. Koch, Düsseldorf und Dr. B. A. Steinkopf, Dortmund
Spektrochemische Grundlagen der Analyse von Gemischen aus Kohlenmonoxyd, Wasserstoff und Stickstoff
in Vorbereitung

HEFT 229
Prof. Dr. F. Wever, Dr. W. Koch und Dr.-Ing. H. Malissa, Düsseldorf
Über die Anwendung disubstituierter Dithiocarbamate der analytischen Chemie
1956, 44 Seiten, 30 Abb., 5 Tabellen, DM 10,50

HEFT 230
Prof. Dr. F. Wever, Düsseldorf und Dr. W. Wepner, Köln
Bestimmung kleiner Kohlenstoffgehalte im Alpha-Eisen durch Dämpfungsmessung
1956, 34 Seiten, 5 Abb., 2 Tabellen, DM 7,70

HEFT 231
Dr.-Ing. W. Küch, Dortmund
Über die Wechselwirkung zwischen Holzschutzbehandlung und Verleimung
1956, 48 Seiten, 10 Abb., 8 Tabellen, DM 10,40

HEFT 232
Prof. Dr.-Ing. O. Kienzle, Hannover und Dr.-Ing. H. Münnich, Schweinfurt
Feststellung der Spannungen und Dehnungen und Bruchdrehzahlen der unter Fliehkraft und Bearbeitungskraft beanspruchten Schleifkörper
in Vorbereitung

HEFT 233
Dr. H. Haase, Hamburg
Infrarot-Bibliographie
1956, 90 Seiten, DM 17,80

HEFT 234
Dr.-Ing. K. G. Speith und Dr.-Ing. A. Bungeroth, Duisburg
Versuche zur Steigerung des Kokillen-Schluckvermögens beim Stranggießen von Stahl
1956, 26 Seiten, 5 Abb., DM 6,15

HEFT 235
Prof. Dr.-Ing. K. Leist und Dipl.-Ing. W. Dettmering, Aachen
Turbinenschaufeln aus Kunststoff für Kaltluftversuchsanlagen
1956, 46 Seiten, 43 Abb., 3 Tabellen, DM 12,30

HEFT 236
Dr.-Ing. O. Viertel und S. Lucas, Krefeld
Ergebnisse einer Hausfrauenbefragung über Wascheinrichtungen und Waschmethoden in städtischen Haushaltungen
1956, 34 Seiten, 4 Abb., DM 7,60

HEFT 237
Dr. P. Endler und Dr. H. Ludes, Köln
Bericht über eine Studienreise zur Orientierung der heutigen Behandlung der Lungentuberkulose in den Vereinigten Staaten von Nordamerika
1956, 32 Seiten, DM 7,10

HEFT 238
Institut für textile Meßtechnik, M.-Gladbach, e.V.
Untersuchung der Verzugsvorgänge an den Streckwerken verschiedener Spinnereimaschinen. 3. Bericht: Theoretische Betrachtungen über den Einfluß schlagender Zylinder und Druckrollen
in Vorbereitung

HEFT 239
Prof. Dr.-Ing. K. Leist und Dipl.-Ing. H. Scheele, Aachen und Dipl.-Ing. F. H. Flottmann, Herne
Versuche an einem neuartigen luftgekühlten Hochleistungs-Kolbenkompressor
in Vorbereitung

HEFT 240
Prof. Dr.-Ing. K. Leist und Dipl.-Ing. H. Scheele, Aachen
Temperaturmessungen an einem einstufigen luftgekühlten 4-Zylinder-Kolbenkompressor mit Kühlgebläse
in Vorbereitung

HEFT 241
Prof. Dr.-Ing. K. Leist und Dipl.-Ing. M. Pötke, Aachen
Leistungsversuche an einem Kühlluftgebläse
in Vorbereitung

HEFT 242
Prof. Dr.-Ing. K. Leist und Dipl.-Ing. K. Graf, Aachen
Straßenfahrzeuge mit Gasturbinenantrieb
in Vorbereitung

HEFT 243
Prof. Dr.-Ing. K. Leist und Dipl.-Ing. S. Förster, Aachen
Die französische Kleingasturbine Artouste — 1. Teil
in Vorbereitung

HEFT 244
Prof. Dr. F. Wever, Dr. W. Koch und Dr. S. Eckhard, Düsseldorf
Erfahrungen mit der spektrochemischen Analyse von Gefügebestandteilen des Stahles
1956, 32 Seiten, 8 Abb., 2 Tabellen, DM 7,80

HEFT 245
Prof. Dr.-Ing. K. Krekeler, Aachen
Das Verbinden von Metallen durch Kunstharzkleber. Teil I: Eigenschaften und Verwendung der Metallklebstoffe
1956, 48 Seiten, 8 Abb., DM 10,25

HEFT 246
Prof. Dr.-Ing. K. Krekeler, Aachen
Das Verbinden von Metallen durch Kunstharzkleber. Teil II: Untersuchungen an geklebten Leichtmetall-Verbindungen
in Vorbereitung

HEFT 247
Dr. H. Söhngen, Darmstadt
Strömung vor einem Überschall-Laufrad
1956, 26 Seiten, 4 Abb., DM 7,60

HEFT 248
Rheinische Aktiengesellschaft für Braunkohlenbergbau und Brikettfabrikation, Köln
Untersuchung der Bindemitteleigenschaften von Braunkohlenfilteraschen
in Vorbereitung

HEFT 249
Dr. M.-E. Meffert, Essen
Weitere Kulturversuche Scenedesmus obliquus
1956, 36 Seiten, 5 Abb., 10 Tabellen, DM 8,—

HEFT 250
Dr. F. Schwarz und Dr.-Ing. K. Alberti, Köln
Entwicklung von Untersuchungsverfahren zur Gütebeurteilung von Industriekalken
in Vorbereitung

HEFT 251
Prof. Dr. H. Bittel, Münster
Zur Statistik der ferromagnetischen Elementarvorgänge und ihren Einfluß auf das Barkhausenrauschen
in Vorbereitung

HEFT 252
Dipl.-Ing. H. Frings, Geilenkirchen
Die Wirkung abfallender Wetterführung auf Wettertemperatur, Grubengasgehalt und Staubbildung
in Vorbereitung

HEFT 253
Dipl.-Ing. S. Schirmanski, Berghausen
Stand und Auswertung der Forschungsarbeiten über Temperatur- und Feuchtigkeitsgrenzen bei der bergmännischen Arbeit
in Vorbereitung

HEFT 254
Prof. Dr. R. Danneel, Bonn
Quantitative Untersuchungen über die Entwicklung des Ehrlich-Ascitesturmos bei Inzuchtmäusen
in Vorbereitung

HEFT 255
Ing. B. v. Schlippe, Bad Nauheim
Strömung von Flüssigkeiten mit temperaturabhängiger Zähigkeit (Kühlung von Ölen)
1956, 54 Seiten, 12 Abb., 4 Tabellen, DM 11,70

HEFT 256
Prof. Dr. C. Schmieden und Dipl.-Math. K. H. Müller, Darmstadt
Die Strömung einer Quellstrecke im Halbraum — eine strenge Lösung der Navier-Stokes-Gleichungen
1956, 40 Seiten, 9 Abb., DM 8,80

HEFT 257
Prof. Dr. G. Lehmann und Dr. J. Tamm, Dortmund
Die Beeinflussung vegetativer Funktionen des Menschen durch Geräusche
in Vorbereitung

HEFT 258
Dr. H. Paul, Linz (Rhein) und Prof. Dr. O. Graf, Dortmund
Zur Frage der Unfälle im Bergbau
1956, 52 Seiten, 9 Abb., 22 Tabellen, DM 11,20

HEFT 259
Prof. Dr. W. Linke, Aachen
Strömungsvorgänge in künstlich belüfteten Räumen
1956, 52 Seiten, 37 Abb., 1 Tabelle, DM 11,80

HEFT 260
Prof. Dr. W. Kast, Freiburg (Br.), Prof. Dr. A. H. Stuart und Dipl.-Phys. H. G. Fendler, Hannover
Lichtzerstreuungsmessungen an Lösungen hochpolymerer Stoffe
in Vorbereitung

HEFT 261
Prof. Dr. W. Kast, Freiburg (Br.)
Feinstruktur-Untersuchungen an künstlichen Zellulosefasern verschiedener Herstellungsverfahren. Teil II: Der Kristallisationszustand
in Vorbereitung

HEFT 262
Dr.-Ing. W. Batel, Aachen
Untersuchungen zur Absiebung feuchter, feinkörniger Haufwerke und Schwingsieben
in Vorbereitung

HEFT 263
Prof. Dr. H. Lange und Dipl.-Phys. R. Kohlhaas, Köln
Über die Wärmeleitfähigkeit von Stählen bei hohen Temperaturen: Teil I: Literaturbericht
in Vorbereitung

HEFT 264
Prof. Dr. W. Weizel, Bonn
Durch schnelle Funkenzusammenbrüche ausgelöste Signale auf einer Leitung
1956, 26 Seiten, 4 Abb., 3 Tabellen, DM 6,10

HEFT 265
Prof. Dr. F. Micheel und Dr. R. Engel, Münster
Eine Apparatur zur elektrophoretischen Trennung von Stoffgemischen
in Vorbereitung

HEFT 266
Fliesen-Beratungsstelle Bad Godesberg-Mehlem
Güteeigenschaften keramischer Wand- und Bodenfliesen und deren Prüfmethoden
1956, 32 Seiten, DM 7,10

HEFT 267
Prof. Dr. W. Weizel und B. Brandt, Bonn
Zur Stabilität stromstarker Glimmentladungen
1956, 36 Seiten, 7 Abb., DM 8,40

HEFT 268
Prof. Dr.-Ing. G. Vogelpohl, Göttingen
Über die Tragfähigkeit von Gleitlagern und ihre Berechnung
in Vorbereitung

WESTDEUTSCHER VERLAG · KÖLN UND OPLADEN

HEFT 269
Markscheider R. Bals, Bochum
Eignung des Gebirgsankerausbaus zur Erleichterung des Streckenvortriebs im Steinkohlenbergbau
in Vorbereitung

HEFT 270
Dr. H. Krebs und Mitarbeiter, Bonn
Die Trennung von Racematen auf chromatographischem Wege
in Vorbereitung

HEFT 271
Prof. Dr.-Ing. H. Opitz und Dipl.-Ing. H. Axer, Aachen
Beeinflussung des Verschleißverhaltens bei spanenden Werkzeugen durch flüssige und gasförmige Kühlmittel und elektrische Maßnahmen
in Vorbereitung

HEFT 272
Prof. Dr. W. Fuchs und Dr. H. Dresia, Aachen
Untersuchungen über die Schnellverbrennung und Schnellvergasung fester Brennstoffe
in Vorbereitung

HEFT 273
Fa. K. W. Tacke G.m.b.H., Wuppertal-Barmen
Erfahrungen beim Verspinnen von Perlonfasern und bei der Herstellung von Trikotagen aus gesponnenem Perlon
in Vorbereitung

HEFT 274
Prof. Dr.-Ing. K. Krekeler und Dipl.-Ing. H. Verhoeven, Aachen
Qualitative Untersuchungen bei Verbindungsschweißungen mittels Lichtbogenschweißautomaten unter Verwendung von Blankdraht und Zugabe von ferromagnetischem Pulver als Umhüllung
in Vorbereitung

HEFT 275
Prof. Dr.-Ing. K. Krekeler und Dipl.-Ing. H. Verhoeven, Aachen
Qualitative Untersuchungen von Punktschweißverbindungen an Tiefzieh- und Aluminiumblechen, die nach dem Argonarc-Punktschweißverfahren hergestellt werden
in Vorbereitung

HEFT 276
Fa. E. Haage, Mülheim (Ruhr)
Entwicklungsarbeiten im Apparatebau für Laboratorien
in Vorbereitung

HEFT 277
Dr.-Ing. W. Müchler, Essen
Untersuchung und zahlenmäßige Bestimmung der Schneideigenschaften von Messern mit besonderer Berücksichtigung rostfreier Messerstähle
in Vorbereitung

HEFT 278
Dipl.-Ing. J. Stelter und Dipl.-Ing. H. Kickert, Aachen
I. Sichtbarmachung von Ultraschallfeldern unter Verwendung photographischer Emulsionsschichten
II. Methode zur Bestimmung der wirklichen Temperaturverhältnisse in Flüssigkeiten während der Beschallung (Nach einer Diplom-Arbeit von H. Schnitzler)
in Vorbereitung

HEFT 279
Dr. F. Keune, Aachen
Der gewölbte und verwundene Tragflügel ohne Dicke in Schallnähe
in Vorbereitung

HEFT 280
Dipl.-Ing. J. Stelter und Dipl.-Ing. E. Pfende, Aachen
Über Störerscheinungen bei Schallgeschwindigkeitsmessungen mittels der Interferometermethode
in Vorbereitung

HEFT 281
Prof. Dr.-Ing. K. Lürenbaum, Aachen
Der Meßwagen des Instituts für Maschinen-Dynamik der Deutschen Versuchsanstalt für Luftfahrt, Aachen
in Vorbereitung

HEFT 282
Bergrat a. D. Scherer, Bochum
Das B.T.-Schwelverfahren und seine Anwendung auf der Anlage Marienau
in Vorbereitung

HEFT 283
Prof. Dr. F. Wever und Dr.-Ing. W. Lueg, Düsseldorf
Warmstauchversuche zur Ermittlung der Formänderungsfestigkeit von Gesenkschmiede-Stählen
in Vorbereitung

HEFT 284
Prof. Dr. F. Wever, Düsseldorf, Dr.-Ing. H. J. Wiester, Essen, Dr.-Ing. F. W. Straßburg, Duisburg, Prof. Dr.-Ing. H. Opitz, Aachen, und Dr.-Ing. K. H. Fröhlich, Köln
Einfluß des Gefüges auf die Zerspanbarkeit von Einsatz- und Vergütungsstählen
in Vorbereitung

HEFT 285
Prof. Dr.-Ing. O. Kienzle, Dr.-Ing. K. Lange, Hannover, und Dipl.-Ing. H. Meinert, Osterode
Einfluß der Oberfläche auf das Verschleißverhalten von Schmiedegesenken
in Vorbereitung

HEFT 286
Dr.-Ing. K. Lange, Hannover, Dipl.-Ing. H. Meinert, Osterode, unter Mitarbeit von Dr.-Ing. H. Arend, Mülheim (Ruhr)
Verschleißverhalten hartverchromter Schmiedegesenke
in Vorbereitung

HEFT 287
Prof. Dr.-Ing. K. Krekeler, Aachen
Änderungen der mechanischen Eigenschaftswerte thermoplastischer Kunststoffe bei Beanspruchung in verschiedenen Medien
in Vorbereitung

HEFT 288
Dr. K. Brücker-Steinkuhl, Düsseldorf
Anwendung mathematisch-statistischer Verfahren in der Industrie
in Vorbereitung

HEFT 289
Prof. Dr.-Ing. H. Winterhager, Aachen
Kombinierter Widerstands- und Lichtbogen-Vakuumofen zur Verarbeitung von Titanschwamm
Prof. Dr. Dr. h. c. R. Schwarz, Aachen
Erforschung neuer Wege zur Darstellung von Titanmetall
in Vorbereitung

HEFT 290
Dr. D. Horstmann, Düsseldorf
I. Der verstärkte Angriff des Zinks auf Eisen im Temperaturgebiet um 500° C
II. Einfluß eines Antimongehaltes auf den Angriff von Zinkschmelzen auf Eisen
in Vorbereitung

HEFT 291
Dr.-Ing. H. J. Wiester und Dr. D. Horstmann, Düsseldorf
Der Angriff eisengesättigter Zinkschmelzen auf silizium- und manganhaltiges Eisen
in Vorbereitung

HEFT 292
Dipl.-Ing. W. Rohs und Text.-Ing. H. Griese, Bielefeld
Webversuche an Leinenwebstühlen mit verbesserter Schaftbewegung
in Vorbereitung

HEFT 293
Prof. J. W. Korte, unter Mitarbeit von Dipl.-Ing. P. A. Mäcke und Dipl.-Ing. W. Leutzbach, Aachen
Die Leistungsfähigkeit von Verkehrsanlagen des motorisierten städtischen Straßenverkehrs
in Vorbereitung

HEFT 294
Dipl.-Ing. B. Naendorf, Essen
Untersuchungen industrieller Gasbrenner
in Vorbereitung

HEFT 295
Prof. Dr.-Ing. H. Opitz und Dipl.-Ing. H. Axer, Aachen
Untersuchung und Weiterentwicklung neuartiger elektrischer Bearbeitungsverfahren
in Vorbereitung

HEFT 296
Prof. Dr.-Ing. H. Opitz, Aachen
I. Untersuchungen an elektronischen Regelantrieben
II. Statistische Untersuchungen zur Ausnutzung von Drehbänken
in Vorbereitung

HEFT 297
Dr. K. Schaarwächter, Düsseldorf
Die Reduktion von Siliziumtetrachlorid im Lichtbogen zur nachfolgenden Silizierung von Eisenblechen
in Vorbereitung

HEFT 298
Prof. Dr.-Ing. E. Oehler, Aachen
Untersuchung von kritischen Drehzahlen, die durch Kreiselmomente verursacht werden
in Vorbereitung

HEFT 299
Dr. J. Fassbender und W. Hoppe, Bonn
Eine photoelektrische Nachlaufeinrichtung für Analogie-Rechenmaschinen
in Vorbereitung

HEFT 300
Prof. Dr. E. Schütz und Privatdozent Dr. H. Caspers, Münster
Tierexperimentelle Untersuchungen über die Alkoholwirkungen auf Erregbarkeit und bioelektrische Spontanaktivität der Hirnrinde
in Vorbereitung

HEFT 301
Prof. Dr. W. Weltzien, Dr. G. Cossmann und P. Diehl, Krefeld
Über die fraktionierte Fällung von Polyamiden (II)
in Vorbereitung

HEFT 302
Prof. Dr.-Ing. W. Wegener und Dipl.-Ing. Willi Zahn, Aachen
Untersuchungen von gesponnenen Garnen auf ihre Gleichmäßigkeit nach verschiedenen Meßmethoden
in Vorbereitung

HEFT 303
Prof. Dr.-Ing. S. Kiesskalt, Aachen
Das Institut der Forschungsgesellschaft Verfahrenstechnik e. V. an der Technischen Hochschule Aachen
in Vorbereitung

HEFT 304
Prof. Dr.-Ing. K. Krekeler, Düsseldorf, und Dipl.-Ing. A. Kleine-Albers, Aachen
Beitrag zur thermoelastischen Warmformbarkeit von Hart PVC
in Vorbereitung

HEFT 305
Prof. Dr.-Ing. K. Krekeler, Düsseldorf, Dr.-Ing. H. Peukert, Aachen, und Dipl.-Ing. W. Schmitz, Siegburg
Heißgas-Schweißung von Hart-Polyvinylchlorid mit Zusatzwerkstoff
in Vorbereitung

HEFT 306
Prof. Dr. B. Rensch, Münster
Elektrophysiologische Untersuchungen zur Analysierung der Bildung von Assoziationen und Gedächtnisspuren in Gehirn und Rückenmark
Prof. Dr. A. Loeser, Münster
Akute und chronische Giftwirkungen sauerstoffhaltiger Lösungsmittel
in Vorbereitung

HEFT 307
Privatdozent Dr. J. Juilfs, Krefeld
Vergleichende Untersuchungen zur elastischen und bleibenden Dehnung von Fasern
in Vorbereitung

HEFT 308
Privatdozent Dr. J. Juilfs, Krefeld
Zur Messung der Fadenglätte
in Vorbereitung

HEFT 309
Prof. Dr. K. Cruse und Mitarbeiter, Clausthal-Zellerfeld
Aufbau und Arbeitsweise eines universell verwendbaren Hochfrequenz-Titrationsgerätes
in Vorbereitung

HEFT 310
Dr. P. F. Müller, Bonn
Die Integrieranlage des Rheinisch-Westfälischen Instituts für Instrumentelle Mathematik in Bonn
in Vorbereitung

HEFT 311
Prof. Dr. F. Wever und Dr. M. Hempel, Düsseldorf
Dauerschwingfestigkeit von Stählen bei erhöhten Temperaturen
Teil I: Erkenntnisse aus bisherigen Dauerschwingversuchen in der Wärme
in Vorbereitung

HEFT 312
Prof. Dr. F. Wever und Dr. M. Hempel, Düsseldorf
Dauerschwingfestigkeit von Stählen bei erhöhten Temperaturen
Teil II: Zug-Druck-Dauerschwingversuche an zwei warmfesten Stählen bei Temperaturen von 500 bis 650°
in Vorbereitung

HEFT 313
Prof. Dr. F. Wever, Dr. W. Koch und Dipl.-Phys. H. Rohde, Düsseldorf
Änderungen des Habitus und der Gitterkonstanten des Zementits in Chromstählen bei verschiedenen Wärmebehandlungen
in Vorbereitung

WESTDEUTSCHER VERLAG · KÖLN UND OPLADEN

HEFT 314
Prof. Dr. F. Wever und Dr.-Ing. A. Krisch, Düsseldorf, und Dr.-Ing. H.-J. Wiester, Essen
Veränderungen im Gefügeaufbau von Chrom-Nickel-Molybdän-Stählen bei langzeitiger Beanspruchung im Zeitstandversuch bei 500°
in Vorbereitung

HEFT 315
Prof. Dr. F. Wever und Dr.-Ing. A. Krisch, Düsseldorf
Metallkundliche Untersuchungen an Zeitstandproben
in Vorbereitung

HEFT 316
Dr. F. Keune, Aachen
Zusammenfassende Darstellung und Erweiterung des Aequivalenzsatzes für schallnahe Strömung
in Vorbereitung

HEFT 317
Dr.-Ing. J. Stelter, Aachen
Mikrobiologische Ultraschallwirkungen
in Vorbereitung

HEFT 318
Dipl.-Ing. H. Kickert, Aachen
Über die Ausbreitung von Ultraschall in Luft
in Vorbereitung

HEFT 319
Prof. Dr. C. Kröger, Aachen
Gemengereaktionen und Glasschmelze
in Vorbereitung

HEFT 320
Dr. H.-E. Caspary, Köln
Verwendung von Szintillationszählern anstelle von Zählrohren zur zerstörungsfreien Materialprüfung
in Vorbereitung

HEFT 321
Prof. Dr. F. Wever, Düsseldorf und Dr. W. Wepner, Köln
Gleichzeitige Bestimmung kleiner Kohlenstoff- und Stickstoffgehalte im α-Eisen durch Dämpfungsmessung
in Vorbereitung

HEFT 322
Prof. Dr.-Ing. F. Bollenrath und Dipl.-Ing. W. Domke, Aachen
Eigenspannungen in vergüteten, dickwandigen Stahlzylindern nach Oberflächenhärtung mit induktiver Erwärmung
in Vorbereitung

HEFT 323
Prof. Dr. R. Seyffert, Köln
Wege und Kosten der Distribution der Textilien, Schuh- und Lederwaren
in Vorbereitung

HEFT 324
Prof. Dr.-Ing. H. Opitz, Dr.-Ing. E. Saljé und Dipl.-Ing. K. E. Schwartz, Aachen
Richtwerte für das Außenrund-Längs- und Einstechschleifen
in Vorbereitung

HEFT 325
Prof. Dr. E. Schratz, Münster
Pharmakognostische Untersuchungen am Medizinal-Rhabarber
in Vorbereitung

HEFT 326
Prof. Dr.-Ing. E. Essers und Mitarbeiter, Aachen
Deichselkräfte an Lastzügen
in Vorbereitung

HEFT 327
Prof. Dr.-Ing. K. Krekeler und Dr.-Ing. H. Peukert, Aachen
Beitrag zur thermoelastischen Formbarkeit von Polyäthylen
in Vorbereitung

HEFT 328
Dr. H. Maeder, Belo Horizonte
Schweißen von Temperguß
in Vorbereitung

HEFT 329
Dipl.-Ing. A. Krüger, Karlsruhe, und Feuerwehr-Ing. R. Radusch, Dortmund
Wasserzerstäubung im Strahlrohr
in Vorbereitung

HEFT 330
Dipl.-Physiker E. Pepping, Aachen
Die Durchflußzahl des Rechteckschlitzes in einer sehr großen Wand
in Vorbereitung

HEFT 331
Dipl.-Ing. G. Bretschneider, Ruit
Die Messung der wiederkehrenden Spannung mit Hilfe des Netzmodelles
in Vorbereitung

HEFT 332
Prof. Dr.-Ing. R. Jaeckel und Dr. G. Reich, Bonn
Messung von Dampfdrucken im Gebiet unter 10^{-2} Torr
in Vorbereitung

HEFT 333
Prof. Dipl.-Ing. W. Sturtzel und Dr.-Ing. W. Graff, Duisburg
I. Der Flachwassereinfluß auf den Form- und Reibungswiderstand von Binnenschiffen
II. Der Flachwassereinfluß auf die Nachstrom- und Sogverhältnisse bei Binnenschiffen
in Vorbereitung

HEFT 334
Prof. Dr. W. Weizel und Dr. G. Meister, Bonn
Spektralanalyse durch Messung des Interferenz-Kontrasts
in Vorbereitung

HEFT 335
Prof. Dr. W. Weizel und H. Hornberg, Bonn
Untersuchungen der anodischen Teile einer Glimmentladung
in Vorbereitung

HEFT 336
Dr. Tung-ping Yao, Aachen
Die Viskosität metallischer Schmelzen
in Vorbereitung

HEFT 337
Dr. R. Hoeppener und Dr. W. Bierther, Bonn
Tektonik und Lagerstätten im Rheinischen Schiefergebirge
in Vorbereitung

HEFT 338
Prof. Dr.-Ing. W. Wegener, Aachen, und Dipl.-Ing. J. Schneider, M.-Gladbach
Die Bedeutung der Knotenart für die Herabminderung der Fadenbrüche
in Vorbereitung

HEFT 339
Prof. Dr.-Ing. W. Wegener und Dipl.-Ing. W. Zahn, Aachen
Vergleich des normalen mit verschiedenen abgekürzten Baumwollspinnverfahren in bezug auf Gleichmäßigkeit und Sortierungsstreuung der Garne
in Vorbereitung

HEFT 340
Dipl.-Ing. W. Rohs und Dipl.-Ing. R. Otto, Bielefeld
Das Naßspinnen von Bastfasergarnen mit Spinnbadzusätzen unter Ausnutzung einer zentralen Spinnwasserversorgungsanlage
in Vorbereitung

HEFT 341
Prof. Dr.-Ing. H. Winterhager und Dipl.-Ing. L. Werner, Aachen
Präzisions-Meßverfahren zur Bestimmung des elektrischen Leitvermögens geschmolzener Salze
in Vorbereitung

HEFT 342
Prof. Dr.-Ing. H. Winterhager und Dipl.-Ing. W. Barthel, Aachen
Die Gewinnung von Titanschlackenkonzentraten aus eisenreichen Ilemniten
in Vorbereitung

HEFT 343
Prof. Dr.-Ing. W. Petersen, Aachen, und Dipl.-Ing. S. Wawroschek, Aachen
Die zweckmäßigsten Gütebestimmungsverfahren und Brikettierungsbedingungen bei der Erzeugung von Braunkohlen-Eisenerz-Briketts
in Vorbereitung

HEFT 344
Prof. Dr.-Ing. W. Fucks, Aachen
Zur Deutung einfachster mathematischer Sprachcharakteristiken
in Vorbereitung

HEFT 345
Dipl.-Ing. G. Cerbe und Dipl.-Ing. H. Monstadt, Essen
Konvektive Trocknung mit gasbeheizter Luft und Trocknung durch Gasstrahler
in Vorbereitung

HEFT 346
Dipl.-Ing. O. Arnold, Aachen
Erfahrungen mit Kernbohrungen zur Lagerstättenuntersuchung im Erzbergbau
in Vorbereitung

HEFT 347
S. Ruff, F. Kipp, H. Hansteen und G. Müller, Bonn
Untersuchungen zur Frage der Gehörschädigungen des fliegenden Personals der Propellerflugzeuge
in Vorbereitung

VERÖFFENTLICHUNGEN DER ARBEITSGEMEINSCHAFT FÜR FORSCHUNG DES LANDES NORDRHEIN-WESTFALEN

NATURWISSENSCHAFTEN

Im Auftrage des Ministerpräsidenten Fritz Steinhoff
herausgegeben von Staatssekretär Prof. Leo Brandt

HEFT 1
Prof. Dr.-Ing. Friedrich Seewald, Aachen
Neue Entwicklungen auf dem Gebiet der Antriebsmaschinen
Prof. Dr.-Ing. Friedrich A. F. Schmidt, Aachen
Technischer Stand und Zukunftsaussichten der Verbrennungsmaschinen, insbesondere der Gasturbinen
Dr.-Ing. Rudolf Friedrich, Mülheim (Ruhr)
Möglichkeiten und Voraussetzungen der industriellen Verwertung der Gasturbine
1951, 52 Seiten, 15 Abb., kartoniert, DM 2,75

HEFT 2
Prof. Dr.-Ing. Wolfgang Riezler, Bonn
Probleme der Kernphysik
Prof. Dr. Fritz Micheel, Münster
Isotope als Forschungsmittel in der Chemie und Biochemie
1951, 40 Seiten, 10 Abb., kartoniert, DM 2,40

HEFT 3
Prof. Dr. Emil Lehnartz, Münster
Der Chemismus der Muskelmaschine
Prof. Dr. Gunther Lehmann, Dortmund
Physiologische Forschung als Voraussetzung der Bestgestaltung der menschlichen Arbeit
Prof. Dr. Heinrich Kraut, Dortmund
Ernährung und Leistungsfähigkeit
1951, 60 Seiten, 35 Abb., kartoniert, DM 3,50

HEFT 4
Prof. Dr. Franz Wever, Düsseldorf
Aufgaben der Eisenforschung
Prof. Dr.-Ing. Hermann Schenck, Aachen
Entwicklungslinien des deutschen Eisenhüttenwesens
Prof. Dr.-Ing. Max Haas, Aachen
Wirtschaftliche Bedeutung der Leichtmetalle und ihre Entwicklungsmöglichkeiten
1952, 60 Seiten, 20 Abb., kartoniert, DM 3,50

HEFT 5
Prof. Dr. Walter Kikuth, Düsseldorf
Virusforschung
Prof. Dr. Rolf Danneel, Bonn
Fortschritte der Krebsforschung
Prof. Dr. Dr. Werner Schulemann, Bonn
Wirtschaftliche und organisatorische Gesichtspunkte für die Verbesserung unserer Hochschulforschung
1952, 50 Seiten, 2 Abb., kartoniert, DM 2,75

HEFT 6
Prof. Dr. Walter Weizel, Bonn
Die gegenwärtige Situation der Grundlagenforschung in der Physik
Prof. Dr. Siegfried Strugger, Münster
Das Duplikantenproblem in der Biologie
Direktor Dr. Fritz Gummert, Essen
Überlegungen zu den Faktoren Raum und Zeit im biologischen Geschehen und Möglichkeiten einer Nutzanwendung
1952, 64 Seiten, 20 Abb., kartoniert, DM 3,—

HEFT 7
Prof. Dr.-Ing. August Götte, Aachen
Steinkohle als Rohstoff und Energiequelle
Prof. Dr. Dr. E. h. Karl Ziegler, Mülheim (Ruhr)
Über Arbeiten des Max-Planck-Institutes für Kohlenforschung
1953, 66 Seiten, 4 Abb., kartoniert, DM 3,60

HEFT 8
Prof. Dr.-Ing. Wilhelm Fucks, Aachen
Die Naturwissenschaft, die Technik und der Mensch
Prof. Dr. Walther Hoffmann, Münster
Wirtschaftliche und soziologische Probleme des technischen Fortschritts
1952, 84 Seiten, 12 Abb., kartoniert, DM 4,80

HEFT 9
Prof. Dr.-Ing. Franz Bollenrath, Aachen
Zur Entwicklung warmfester Werkstoffe
Prof. Dr. Heinrich Kaiser, Dortmund
Stand spektralanalytischer Prüfverfahren und Folgerung für deutsche Verhältnisse
1952, 100 Seiten, 62 Abb., kartoniert, DM 6,—

HEFT 10
Prof. Dr. Hans Braun, Bonn
Möglichkeiten und Grenzen der Resistenzzüchtung
Prof. Dr.-Ing. Carl Heinrich Dencker, Bonn
Der Weg der Landwirtschaft von der Energieautarkie zur Fremdenergie
1952, 74 Seiten, 23 Abb., kartoniert, DM 4,30

HEFT 11
Prof. Dr.-Ing. Herwart Opitz, Aachen
Entwicklungslinien der Fertigungstechnik in der Metallbearbeitung
Prof. Dr.-Ing. Karl Krekeler, Aachen
Stand und Aussichten der schweißtechnischen Fertigungsverfahren
1952, 72 Seiten, 49 Abb., kartoniert, DM 5,—

HEFT 12
Dr. Hermann Rathert, Wuppertal-Elberfeld
Entwicklung auf dem Gebiet der Chemiefaser-Herstellung
Prof. Dr. Wilhelm Weltzien, Krefeld
Rohstoff und Veredlung in der Textilwirtschaft
1952, 84 Seiten, 29 Abb., kartoniert, DM 4,80

HEFT 13
Dr.-Ing. E. h. Karl Herz, Frankfurt a. M.
Die technischen Entwicklungstendenzen im elektrischen Nachrichtenwesen
Staatssekretär Prof. Leo Brandt, Düsseldorf
Navigation und Luftsicherung
1952, 102 Seiten, 97 Abb., kartoniert, DM 7,25

HEFT 14
Prof. Dr. Burckhardt Helferich, Bonn
Stand der Enzymchemie und ihre Bedeutung
Prof. Dr. Hugo Wilhelm Knipping, Köln
Ausschnitt aus der klinischen Carcinomforschung am Beispiel des Lungenkrebses
1952, 72 Seiten, 12 Abb., kartoniert, DM 4,30

HEFT 15
Prof. Dr. Abraham Esau †, Aachen
Ortung mit elektrischen und Ultraschallwellen in Technik und Natur
Prof. Dr.-Ing. Eugen Flegler, Aachen
Die ferromagnetischen Werkstoffe der Elektrotechnik und ihre neueste Entwicklung
1953, 84 Seiten, 25 Abb., kartoniert, DM 4,80

HEFT 16
Prof. Dr. Rudolf Seyffert, Köln
Die Problematik der Distribution
Prof. Dr. Theodor Beste, Köln
Der Leistungslohn
1952, 70 Seiten, 1 Abb., kartoniert, DM 3,50

HEFT 17
Prof. Dr.-Ing. Friedrich Seewald, Aachen
Luftfahrtforschung in Deutschland und ihre Bedeutung für die allgemeine Technik
Prof. Dr.-Ing. Edouard Houdremont, Essen
Art und Organisation der Forschung in einem Industrieforschungsinstitut der Eisenindustrie
1953, 90 Seiten, 4 Abb., kartoniert, DM 4,20

HEFT 18
Prof. Dr. Dr. Werner Schulemann, Bonn
Theorie und Praxis pharmakologischer Forschung
Prof. Dr. Wilhelm Groth, Bonn
Technische Verfahren zur Isotopentrennung
1953, 72 Seiten, 17 Abb., kartoniert, DM 4,—

HEFT 19
Dipl.-Ing. Kurt Traenckner, Essen
Entwicklungstendenzen der Gaserzeugung
1953, 26 Seiten, 12 Abb., kartoniert, DM 1,60

HEFT 20
M. Zvegintzow, London
Wissenschaftliche Forschung und die Auswertung ihrer Ergebnisse
Ziel und Tätigkeit der National Research Development Corporation
Dr. Alexander King, London
Wissenschaft und internationale Beziehungen
1954, 88 Seiten, kartoniert, DM 4,20

HEFT 21
Prof. Dr. Robert Schwarz, Aachen
Wesen und Bedeutung der Silicium-Chemie
Prof. Dr. Dr. h. c. Kurt Alder, Köln
Fortschritte in der Synthese von Kohlenstoffverbindungen
1954, 76 Seiten, 49 Abb., kartoniert, DM 4,—

HEFT 21a
Prof. Dr. Dr. h. c. Otto Hahn, Göttingen
Die Bedeutung der Grundlagenforschung für die Wirtschaft
Prof. Dr. Siegfried Strugger, Münster
Die Erforschung des Wasser- und Nährsalztransportes im Pflanzenkörper mit Hilfe der fluoreszenzmikroskopischen Kinematographie
1953, 74 Seiten, 26 Abb., kartoniert, DM 5,—

HEFT 22
Prof. Dr. Johannes von Allesch, Göttingen
Die Bedeutung der Psychologie im öffentlichen Leben
Prof. Dr. Otto Graf, Dortmund
Triebfedern menschlicher Leistung
1953, 80 Seiten, 19 Abb., kartoniert, DM 4,—

HEFT 23
Prof. Dr. Dr. h. c. Bruno Kuske, Köln
Zur Problematik der wirtschaftswissenschaftlichen Raumforschung
Prof. Dr. Dr.-Ing. E. h. Stephan Prager, Düsseldorf
Städtebau und Landesplanung
1954, 84 Seiten, kartoniert, DM 3,50

HEFT 24
Prof. Dr. Rolf Danneel, Bonn
Über die Wirkungsweise der Erbfaktoren
Prof. Dr. Kurt Herzog, Krefeld
Bewegungsbedarf der menschlichen Gliedmaßengelenke bei der Berufsarbeit
1953, 76 Seiten, 18 Abb., kartoniert, DM 4,—

WESTDEUTSCHER VERLAG · KÖLN UND OPLADEN

HEFT 25
Prof. Dr. Otto Haxel, Heidelberg
Energiegewinnung aus Kernprozessen
Dr.-Ing. Dr. Max Wolf, Düsseldorf
Gegenwartsprobleme der energiewirtschaftlichen Forschung
1953, 98 Seiten, 27 Abb., kartoniert, DM 5,25

HEFT 26
Prof. Dr. Friedrich Becker, Bonn
Ultrakurzwellenstrahlung aus dem Weltraum
Dr. Hans Straßl, Bonn
Bemerkenswerte Doppelsterne und das Problem der Sternentwicklung
1954, 70 Seiten, 8 Abb., kartoniert, DM 3,60

HEFT 27
Prof. Dr. Heinrich Behnke, Münster
Der Strukturwandel der Mathematik in der ersten Hälfte des 20. Jahrhunderts
Prof. Dr. Emanuel Sperner, Hamburg
Eine mathematische Analyse der Luftdruckverteilungen in großen Gebieten
1956, 96 Seiten, 12 Abb, 5 Tab., kartoniert, DM 5,—

HEFT 28
Prof. Dr. Oskar Niemczyk, Aachen
Die Problematik gebirgsmechanischer Vorgänge im Steinkohlenbergbau
Prof. Dr. Wilhelm Ahrens, Krefeld
Die Bedeutung geologischer Forschung für die Wirtschaft, besonders in Nordrhein-Westfalen
1955, 96 Seiten, 12 Abb., kartoniert, DM 5,25

HEFT 29
Prof. Dr. Bernhard Rensch, Münster
Das Problem der Residuen bei Lernleistungen
Prof. Dr. Hermann Fink, Köln
Über Leberschäden bei der Bestimmung des biologischen Wertes verschiedener Eiweiße von Mikroorganismen
1954, 96 Seiten, 23 Abb., kartoniert, DM 5,25

HEFT 30
Prof. Dr.-Ing. Friedrich Seewald, Aachen
Forschungen auf dem Gebiete der Aerodynamik
Prof. Dr.-Ing. Karl Leist, Aachen
Einige Forschungsarbeiten aus der Gasturbinentechnik
1955, 98 Seiten, 45 Abb., kartoniert, DM 7,—

HEFT 31
Prof. Dr.-Ing. Dr. h. c. Fritz Mietzsch, Wuppertal
Chemie und wirtschaftliche Bedeutung der Sulfonamide
Prof. Dr. Dr. h. c. Gerhard Domagk, Wuppertal
Die experimentellen Grundlagen der bakteriellen Infektionen
1954, 82 Seiten, 2 Abb., kartoniert, DM 4,—

HEFT 32
Prof. Dr. Hans Braun, Bonn
Die Verschleppung von Pflanzenkrankheiten und -schädigungen über die Welt
Prof. Dr. Wilhelm Rudorf, Voldagsen
Der Beitrag von Genetik und Züchtung zur Bekämpfung von Viruskrankheiten der Nutzpflanzen
1953, 88 Seiten, 36 Abb., kartoniert, DM 5,—

HEFT 33
Prof. Dr.-Ing. Volker Aschoff, Aachen
Probleme der elektroakustischen Einkanalübertragung
Prof. Dr.-Ing. Herbert Döring, Aachen
Erzeugung und Verstärkung von Mikrowellen
1954, 74 Seiten, 23 Abb., kartoniert, DM 4,30

HEFT 34
Geheimrat Prof. Dr. Dr. Rudolf Schenck, Aachen
Bedingungen und Gang der Kohlenhydratsynthese im Licht
Prof. Dr. Emil Lehnartz, Münster
Die Endstufen des Stoffabbaues im Organismus
1954, 80 Seiten, 11 Abb., kartoniert, DM 4,20

HEFT 35
Prof. Dr.-Ing. Hermann Schenck, Aachen
Gegenwartsprobleme der Eisenindustrie in Deutschland
Prof. Dr.-Ing. Eugen Piwowarsky †, Aachen
Gelöste und ungelöste Probleme im Gießereiwesen
1954, 110 Seiten, 67 Abb., kartoniert, DM 6,50

HEFT 36
Prof. Dr. Wolfgang Riezler, Bonn
Teilchenbeschleuniger
Prof. Dr. Gerhard Schubert, Hamburg
Anwendung neuer Strahlenquellen in der Krebstherapie
1954, 104 Seiten, 43 Abb., kartoniert, DM 7,—

HEFT 37
Prof. Dr. Franz Lotze, Münster
Probleme der Gebirgsbildung
Bergwerksdirektor Bergassessor a.D. G. Rauschenbach, Essen
Die Erhaltung der Förderungskapazität des Ruhrbergbaues auf lange Sicht
in Vorbereitung

HEFT 38
Dr. E. Colin Cherry, London
Kybernetik
Prof. Dr. Erich Pietsch, Clausthal-Zellerfeld
Dokumentation und mechanisches Gedächtnis — zur Frage der Ökonomie der geistigen Arbeit
1954, 108 Seiten, 31 Abb., kartoniert, DM 5,25

HEFT 39
Dr. Heinz Haase, Hamburg
Infrarot und seine technischen Anwendungen
Prof. Dr. Abraham Esau †, Aachen
Ultraschall und seine technischen Anwendungen
1955, 80 Seiten, 25 Abb., kartoniert, DM 4,80

HEFT 40
Bergassessor Fritz Lange, Bochum-Hordel
Die wirtschaftliche und soziale Bedeutung der Silikose im Bergbau
Prof. Dr. Walter Kikuth, Düsseldorf
Die Entstehung der Silikose und ihre Verhütungsmaßnahmen
1954, 120 Seiten, 40 Abb., kartoniert, DM 7,25

HEFT 40a
Prof. Dr. Eberhard Gross, Bonn
Berufskrebs und Krebsforschung
Prof. Dr. Hugo Wilhelm Knipping, Köln
Die Situation der Krebsforschung vom Standpunkt der Klinik
1955, 88 Seiten, 31 Abb., kartoniert, DM 5,—

HEFT 41
Direktor Dr.-Ing. Gustav-Victor Lachmann, London
An einer neuen Entwicklungsschwelle im Flugzeugbau
Direktor Dr.-Ing. A. Gerber, Zürich-Oerlikon
Stand der Entwicklung der Raketen- und Lenktechnik
1955, 88 Seiten, 44 Abb., kartoniert, DM 6,—

HEFT 42
Prof. Dr. Theodor Kraus, Köln
Lokalisationsphänomene und Raumordnung vom Standpunkt der geographischen Wissenschaft
Direktor Dr. Fritz Gummert, Essen
Vom Ernährungsversuchsfeld der Kohlenstoffbiologischen Forschungsstation Essen
in Vorbereitung

HEFT 42a
Prof. Dr. Dr. h. c. Gerhard Domagk, Wuppertal
Fortschritte auf dem Gebiet der experimentellen Krebsforschung
1954, 46 Seiten, kartoniert, DM 2,—

HEFT 43
Prof. Dr. Giovanni Lampariello, Rom
Über Leben und Werk von Heinrich Hertz
Prof. Dr. Walter Weizel, Bonn
Über das Problem der Kausalität in der Physik
1955, 76 Seiten kartoniert, DM 3,30

HEFT 43a
Prof. Dr. José Ma Albareda, Madrid
Die Entwicklung der Forschung in Spanien
in Vorbereitung

HEFT 44
Prof. Dr. Burckhardt Helferich, Bonn
Über Glykoside
Prof. Dr. Fritz Micheel, Münster
Kohlenhydrat-Eiweiß-Verbindungen und ihre biochemische Bedeutung
in Vorbereitung

HEFT 45
Prof. Dr. John von Neumann, Princeton, USA
Entwicklung und Ausnutzung neuerer mathematischer Maschinen
Prof. Dr. E. Stiefel, Zürich
Rechenautomaten im Dienste der Technik mit Beispielen aus dem Züricher Institut für angewandte Mathematik
1955, 74 Seiten, 6 Abb., kartoniert, DM 3,50

HEFT 46
Prof. Dr. Wilhelm Weltzien, Krefeld
Ausblick auf die Entwicklung synthetischer Fasern
Prof. Dr. Walther Hoffmann, Münster
Wachstumsformen der Industriewirtschaft
in Vorbereitung

HEFT 47
Staatssekretär Prof. Leo Brandt, Düsseldorf
Die praktische Förderung der Forschung in Nordrhein-Westfalen
Prof. Dr. Ludwig Raiser, Bad Godesberg
Die Förderung der angewandten Forschung durch die Deutsche Forschungsgemeinschaft
in Vorbereitung

HEFT 48
Dr. Hermann Tromp, Rom
Bestandsaufnahme der Wälder der Welt als internationale und wissenschaftliche Aufgabe
Prof. Dr. Franz Heske, Schloß Reinbek
Die Wohlfahrtswirkungen des Waldes als internationales Problem
in Vorbereitung

HEFT 49
Präsident Dr. G. Böhnecke, Hamburg
Zeitfragen der Ozeanographie
Reg.-Direktor Dr. H. Gabler, Hamburg
Nautische Technik und Schiffssicherheit
1955, 120 Seiten, 49 Abb., kartoniert, DM 7,50

HEFT 50
Prof. Dr.-Ing. Friedrich A. F. Schmidt, Aachen
Probleme der Selbstzündung und Verbrennung bei der Entwicklung der Hochleistungskraftmaschinen
Prof. Dr.-Ing. A. W. Quick, Aachen
Ein Verfahren zur Untersuchung des Austauschvorganges in verwirbelten Strömungen hinter Körpern mit abgelöster Strömung
in Vorbereitung

HEFT 51
Prof. Dr. Siegfried Strugger, Münster
Struktur, Entwicklungsgeschichte und Physiologie der Chloroplasten
Direktor Dr. J. Pätzold, Erlangen
Therapeutische Anwendung mechanischer und elektrischer Energie
in Vorbereitung

HEFT 52
Mr. Patmore, London
Lufttüchtigkeit und technische Prüfung der Flugzeuge in England
Prof. A. D. Young, Cranfield
Die Ausbildung des Ingenieurnachwuchses auf dem Luftfahrtgebiet in England
in Vorbereitung

JAHRESFEIER 1955
Prof. Dr. Josef Pieper, Münster
Über den Philosophie-Begriff Platons
Prof. Dr. Walter Weizel, Bonn
Die Mathematik und die physikalische Realität
1555, 62 Seiten, kartoniert, DM 2,90

HEFT 52a
Dr. D. C. Martin, London
Geschichte und Organisation der Royal Society
Dr. Roux, Südafrika
Probleme der wissenschaftlichen Forschung in der Südafrikanischen Union
in Vorbereitung

HEFT 53
Prof. Dr.-Ing. Georg Schnadel, Hamburg
Forschungsaufgaben zur Untersuchung der Festigkeitsprobleme im Schiffsbau
Prof. Dipl.-Ing. Wilhelm Sturtzel, Duisburg
Forschungsaufgaben zur Untersuchung der Widerstandsprobleme im Schiffsbau
in Vorbereitung

HEFT 53a
Prof. Giovanni Lampariello, Rom
Von Galilei zu Einstein
1956, 92 Seiten, kartoniert, DM 4,20

HEFT 54
Prof. Dr. Julius Bartels, Göttingen
Sonne und Erde — das Thema des internationalen geophysikalischen Jahres
Direktor Dr. Walter Dieminger, Lindau/Harz
Ionosphäre und drahtloser Weitverkehr
in Vorbereitung

HEFT 54a
Sir John Cockcroft, London
Die friedliche Anwendung der Kernenergie
in Vorbereitung

HEFT 55
Prof. Dr.-Ing. Fritz Schultz-Grunow, Aachen
Das Kriechen und Fließen hochzäher und plastischer Stoffe
Prof. Dr.-Ing. Hans Ebner, Aachen
Wege und Ziele der Festigkeitsforschung besonders im Hinblick auf den Leichtbau
in Vorbereitung

WESTDEUTSCHER VERLAG · KÖLN UND OPLADEN

HEFT 56
Prof. Dr. Ernst Derra, Düsseldorf
Der Entwicklungsstand der Herzchirurgie
Prof. Dr. Gunther Lehmann, Dortmund
Muskelarbeit und Muskelermüdung in Theorie und Praxis
in Vorbereitung

HEFT 57
Prof. Dr. Theodor von Kármán, Pasadena
Freiheit und Organisation in der Luftfahrtforschung
in Vorbereitung

HEFT 58
Prof. Dr. Fritz Schröter, Ulm
Neue Forschungs- und Entwicklungsrichtungen im Fernsehen
Prof. Dr. Albert Narath, Berlin
Der gegenwärtige Stand der Filmtechnik
in Vorbereitung

VERÖFFENTLICHUNGEN DER ARBEITSGEMEINSCHAFT FÜR FORSCHUNG DES LANDES NORDRHEIN-WESTFALEN

GEISTESWISSENSCHAFTEN

Im Auftrage des Ministerpräsidenten Karl Arnold
herausgegeben von Staatssekretär Prof. Leo Brandt

HEFT 1
Prof. Dr. Werner Richter, Bonn
Die Bedeutung der Geisteswissenschaften für die Bildung unserer Zeit
Prof. Dr. Joachim Ritter, Münster
Die aristotelische Lehre vom Ursprung und Sinn der Theorie
1953, 64 Seiten, kartoniert, DM 3,50

HEFT 2
Prof. Dr. Josef Kroll, Köln
Elysium
Prof. Dr. Günther Jachmann, Köln
Die vierte Ekloge Vergils
1953, 72 Seiten, kartoniert, DM 3,75

HEFT 3
Prof. Dr. Hans Erich Stier, Münster
Die klassische Demokratie
1954, 100 Seiten, kartoniert, DM 6,—

HEFT 4
Prof. Dr. Werner Caskel, Köln
Lihyan und Lihyanisch. Sprache und Kultur eines früharabischen Königreiches
1954, 168 Seiten, 6 Abb., kartoniert, DM 11,—

HEFT 5
Prof. Dr. Thomas Ohm, Münster
Stammesreligionen im südlichen Tanganyika-Territorium
1953, 80 Seiten, 25 Abb., kartoniert, DM 11,50

HEFT 6
Prälat Prof. Dr. Dr. h. c. Georg Schreiber, Münster
Deutsche Wissenschaftspolitik von Bismarck bis zum Atomwissenschaftler Otto Hahn
1954, 102 Seiten, 7 Bilder, kartoniert, DM 6,25

HEFT 7
Prof. Dr. Walter Holtzmann, Bonn
Das mittelalterliche Imperium und die werdenden Nationen
1953, 28 Seiten, kartoniert, DM 2,50

HEFT 8
Prof. Dr. Werner Caskel, Köln
Die Bedeutung der Beduinen in der Geschichte der Araber
1954, 44 Seiten, kartoniert, DM 2,75

HEFT 9
Prälat Prof. Dr. Dr. h. c. Georg Schreiber, Münster
Irland im deutschen und abendländischen Sakralraum
in Vorbereitung

HEFT 10
Prof. Dr. Peter Rassow, Köln
Forschungen zur Reichsidee im 16. und 17. Jahrhundert
1955, 32 Seiten, kartoniert, DM 1,90

HEFT 11
Prof. Dr. Hans Erich Stier, Münster
Roms Aufstieg zur Weltherrschaft
in Vorbereitung

HEFT 12
Prof. D. Karl Heinrich Rengstorf, Münster
Mann und Frau im Urchristentum
Prof. Dr. Hermann Conrad, Bonn
Grundprobleme einer Reform des Familienrechts
1954, 106 Seiten, kartoniert, DM 6,—

HEFT 13
Prof. Dr. Max Braubach, Bonn
Der Weg zum 20. Juli 1944
1953, 48 Seiten, kartoniert, DM 3,25

HEFT 14
Prof. Dr. Paul Hübinger, Münster
Das deutsch-französische Verhältnis und seine mittelalterlichen Grundlagen
in Vorbereitung

HEFT 15
Prof. Dr. Franz Steinbach, Bonn
Der geschichtliche Weg des wirtschaftenden Menschen in die soziale Freiheit und politische Verantwortung
1954, 76 Seiten, kartoniert, DM 3,80

HEFT 16
Prof. Dr. Josef Koch, Köln
Die Ars coniecturalis des Nikolaus von Cues
in Vorbereitung

HEFT 17
Prof. Dr. James Conant,
US-Hochkommissar für Deutschland
Staatsbürger und Wissenschaftler
Prof. D. Karl Heinrich Rengstorf, Münster
Antike und Christentum
1953, 48 Seiten, 2 Abb., kartoniert, DM 3,50

HEFT 18
Prof. Dr. Richard Alewyn, Köln
Klopstocks Publikum
in Vorbereitung

HEFT 19
Prof. Dr. Fritz Schalk, Köln
Das Lächerliche in der französischen Literatur des Ancien Régime
1954, 42 Seiten, kartoniert, DM 2,25

HEFT 20
Prof. Dr. Ludwig Raiser, Bad Godesberg
Rechtsfragen der Mitbestimmung
1954, 48 Seiten, kartoniert, DM 2,50

HEFT 21
Prof. D. Martin Noth, Bonn
Das Geschichtsverständnis der alttestamentlichen Apokalyptik
1953, 36 Seiten, kartoniert, DM 2,20

HEFT 22
Prof. Dr. Walter F. Schirmer, Bonn
Glück und Ende des Könige in Shakespeares Historien
1954, 32 Seiten, kartoniert, DM 1,60

HEFT 23
Prof. Dr. Günther Jachmann, Köln
Der homerische Schiffskatalog und die Ilias
in Vorbereitung

HEFT 24
Prof. Dr. Theodor Klauser, Bonn
Die römischen Petrustraditionen im Lichte der neuen Ausgrabungen unter der Peterskirche
in Vorbereitung

HEFT 25
Prof. Dr. Hans Peters, Köln
Die Gewaltentrennung in moderner Sicht
1955, 48 Seiten, kartoniert, DM 3,10

HEFT 26
Prof. Dr. Fritz Schalk, Köln
Calderon und die Mythologie
in Vorbereitung

HEFT 27
Prof. Dr. Josef Kroll, Köln
Vom Leben geflügelter Worte
in Vorbereitung

WESTDEUTSCHER VERLAG · KÖLN UND OPLADEN

HEFT 28
Prof. Dr. Thomas Ohm, Münster
Die Religionen in Asien
1954, 50 Seiten, 4 Abb., kartoniert, DM 5,—

HEFT 29
Prof. Dr. Johann Leo Weisgerber, Bonn
Die Ordnung der Sprache im persönlichen und öffentlichen Leben
1955, 64 Seiten, kartoniert, DM 2,90

HEFT 30
Prof. Dr. Werner Caskel, Köln
Entdeckungen in Arabien
1954, 44 Seiten, kartoniert, DM 2,—

HEFT 31
Prof. Dr. Max Braubach, Bonn
Entstehung und Entwicklung der landesgeschichtlichen Bestrebungen und historischen Vereine im Rheinland
1955, 32 Seiten, kartoniert, DM 1,60

HEFT 32
Prof. Dr. Fritz Schalk, Köln
Somnium und verwandte Wörter in den romanischen Sprachen
1955, 48 Seiten, 3 Abb., kartoniert, DM 2,50

HEFT 33
Prof. Dr. Friedrich Dessauer, Frankfurt a. M.
Erbe und Zukunft des Abendlandes
in Vorbereitung

HEFT 34
Prof. Dr. Thomas Ohm, Münster
Ruhe und Frömmigkeit
1955, 128 Seiten, 30 Abb., kartoniert, DM 8,—

HEFT 35
Prof. Dr. Hermann Conrad, Bonn
Die mittelalterliche Besiedlung des deutschen Ostens und das Deutsche Recht
1955, 40 Seiten, kartoniert, DM 2,—

HEFT 36
Prof. Dr. Hans Sckommodau, Köln
Die religiösen Dichtungen Margaretes von Navarra
1955, 172 Seiten, kartoniert, DM 7,20

HEFT 37
Prof. Dr. Herbert von Einem, Bonn
Der Mainzer Kopf mit der Binde
1955, 88 Seiten, 40 Abb., kartoniert, DM 6,—

HEFT 38
Prof. Dr. Joseph Höffner, Münster
Statik und Dynamik in der scholastischen Wirtschaftsethik
1955, 48 Seiten, kartoniert, DM 2,20

HEFT 39
Prof. Dr. Fritz Schalk, Köln
Diderots Essai über Claudius und Nero
in Vorbereitung

HEFT 40
Prof. Dr. Gerhard Kegel, Köln
Probleme des internationalen Enteignungs- und Währungsrechts
in Vorbereitung

HEFT 41
Prof. Dr. Johann Leo Weisgerber, Bonn
Die Grenzen der Schrift — Der Kern der Rechtschreibreform
1955, 72 Seiten, kartoniert, DM 3,25

HEFT 42
Prof. Dr. Richard Alewyn, Köln
Von der Empfindsamkeit zur Romantik
in Vorbereitung

HEFT 43
Prof. Dr. Theodor Schieder, Köln
Die Probleme des Rapallo-Vertrages 1922
in Vorbereitung

HEFT 44
Prof. Dr. Andreas Kumpf, Köln
Stilphasen der spätantiken Kunst
in Vorbereitung

HEFT 45
Dr. Ulrich Luck, Münster
Kerygma und Tradition in der Hermeneutik Adolf Schlatters
1955, 136 Seiten, kartoniert, DM 6,15

HEFT 46
Prof. Dr. Walther Holtzmann, Rom
Das Deutsche Historische Institut in Rom
Prof. Dr. Graf Wolff Metternich, Rom
Die Bibliotheca Hertziana und der Palazzo Zuccari
1955, 68 Seiten, 7 Abb., kartoniert, DM 3,50

JAHRESFEIER 1955
Prof. Dr. Josef Pieper, Münster
Über den Philosophie-Begriff Platons
Prof. Dr. Walter Weizel, Bonn
Die Mathematik und die physikalische Realität
1955, 62 Seiten, kartoniert, DM 2,90

HEFT 47
Prof. Dr. Harry Westermann, Münster
Person und Persönlichkeit im Zivilrecht
in Vorbereitung

HEFT 48
Prof. Dr. Johann Leo Weisgerber, Bonn
Die Namen der Ubier
in Vorbereitung

HEFT 49
Prof. Dr. Friedrich Karl Schumann, Münster
Mythos und Technik *in Vorbereitung*

HEFT 50
Prof. Dr. Wolfgang Schöne, Hamburg
Raffaels Sixtinische Madonna
in Vorbereitung

HEFT 51
Prälat Prof. Dr. Dr. h. c. Georg Schreiber, Münster
Der Bergbau in Geschichte, Ethos und Sakralkultur
in Vorbereitung

HEFT 52
Prof. Dr. Hans J. Wolff, Münster
Die Rechtsgestalt der Universität
in Vorbereitung

HEFT 53
Prof. Dr. Heinrich Vogt, Bonn
Schadenersatzprobleme im Verhältnis von Haftungsgrund und Schaden
in Vorbereitung

HEFT 54
Prof. Dr. Max Braubach, Bonn
Der Einmarsch der deutschen Truppen in die entmilitarisierte Zone am Rhein im März 1936. Ein Beitrag zur Vorgeschichte des zweiten Weltkrieges
in Vorbereitung

HEFT 55
Prof. Dr. Herbert von Einem, Bonn
Die Menschwerdung Christi des Isenheimer Altars
in Vorbereitung

HEFT 56
Prof. Dr. E. J. Cohn, London
Der englische Gerichtstag
in Vorbereitung

HEFT 57
Dr. Albert Woopen, Aachen
Die Zivilehe und der Grundsatz der Unauflöslichkeit der Ehe in der Entwicklung des italienischen Zivilrechts
1956, 88 Seiten, kartoniert, DM 4,—

WESTDEUTSCHER VERLAG · KÖLN UND OPLADEN

If you have any concerns about our products,
you can contact us on
ProductSafety@springernature.com

In case Publisher is established outside the EU,
the EU authorized representative is:
**Springer Nature Customer Service Center GmbH
Europaplatz 3, 69115 Heidelberg, Germany**

Printed by Libri Plureos GmbH
in Hamburg, Germany